KARTELLE ALS PRODUKTIONSFÖRDERER

unter besonderer Berücksichtigung der modernen Zusammenschlußtendenzen in der deutschen Maschinenbau-Industrie.

Von

Dr. H. Müllensiefen

Berlin
Verlag von Julius Springer.
1926

ISBN-13:978-3-642-90130-0   e-ISBN-13:978-3-642-91987-9
DOI: 10.1007/978-3-642-91987-9

Softcover reprint of the hardcover 1st edition 1926

Vorwort.

Dem Verein Deutscher Maschinenbau-Anstalten sei an dieser Stelle der Dank des Verfassers für das große Entgegenkommen in der Ueberlassung des umfangreichen Unterlagenmaterials für vorliegende Schrift ausgesprochen. Verfasser versucht, über die deutsche Maschinenbau-Industrie hinaus allgemein den modernen Zusammenschlußtendenzen zum Zwecke der Verbesserung und Verbilligung der Produktion nachzuspüren, wie sie jetzt, ähnlich gerichtet, in der grandiosen Zusammenballung unserer westdeutschen Schwerindustrie zum Ausdruck kommen.

Der Sturmlauf gegen Kartelle und Trusts und die während der letzten Jahre in der breitesten Oeffentlichkeit ausgefochtenen Angriffe, welche ihren Niederschlag bereits in entsprechenden Regierungsverordnungen fanden, lassen es mehr als erwünscht erscheinen, mit aller Schärfe der außerordentlich weitverbreiteten Ansicht entgegenzutreten, daß die Kartelle nur Interessen- und Preispolitik betrieben und nichts oder wenig für die sachliche Förderung der Produktion täten, überhaupt eine überlebte Wirtschaftsorganisation darstellten. Für die kartellierte Industrie heißt es deshalb heute, aus der nach guter alter Tradition geübten vornehmen Zurückhaltung herauszutreten und zu betonen, daß die Kartellbewegung als Produkt einer organischen Entwicklung gerade heute als Organisationsfaktor unserer Volkswirtschaft im Sinne einer umfassenden Produktivitätssteigerung von entscheidender Wichtigkeit zu werten ist, und eine falsche staatliche Einstellung den Kartellen gegenüber sich auf die Gesamtwirtschaft in verhängnisvollster Weise auswirken muß.

Die Untersuchung der in den h o r i z o n t a l e n Zusammen-schlüssen, speziell in den K a r t e l l e n und ihren n e u e s t e n F o r t b i l d u n g e n ruhenden Möglichkeiten zur u n m i t t e l-b a r e n F ö r d e r u n g d e r P r o d u k t i o n hat sich Verfasser deshalb zur Aufgabe gestellt. Ein wesentlicher Abschnitt vor-liegender Schrift zeigt, wie weit die W i r t s c h a f t s e l b s t be-reits den Weg unmittelbarer Produktionsförderung in diesem Rah-men horizontaler Konzentrationsbewegung beschritten hat. Vor-handene Zusammenschlüsse werden dargestellt möglichst bis in Einzelheiten durch Wiedergabe von Aufzeichnungen aus über-lassenem Aktenmaterial, unveröffentlichten Druckschriften, von Or-ganisations- und Arbeitsplänen, Exposés, Vertragsentwürfen, Sat-zungen, Gesellschaftsverträgen, praktischen Erfahrungen und der-gleichen. Das weitgehende dankbar anerkannte Entgegen-kommen in der Ueberlassung dieses Materials seitens der Herren Dipl.-Ing. S e c k und S c h u l z - M e h r i n vom Verein Deutscher Maschinenbau-Anstalten, den Vorstandsmitgliedern verschiedener Fach- und Unterverbände, der „Kartellstelle des Reichsver-bandes der deutschen Industrie" sowie seitens der Direktoren verschiedener Konzerne trägt hoffentlich dazu bei, der Arbeit u n m i t t e l b a r p r a k t i s c h e n Wert zu verleihen.

Witten-Crengeldanz, Oktober 1926.
Westfalen

H. Müllensiefen.

Inhaltsverzeichnis.

* Vom Verfasser anstelle der Original-Firmennamen bezw. -Branchenamen eingesetzt.

I. Produktionsförderung im Rahmen horizontaler und vertikaler Konzentrationsbewegung.

1. Begriffe und äußere Erscheinungsformen.

Hebung der Produktivität unserer Volkswirtschaft, vor allem zwecks Steigerung unseres Exportes durch Verbesserung und Verbilligung, kurz Förderung der Produktion ist das Kernproblem der Wirtschaft unserer Zeit, damit das Gebot der Stunde: bewußte Erfassung durch industrielle Gemeinschaftsarbeit aller in der Wirtschaft vorhandenen oder noch schlummernden produktionsfördernden Kräfte.

Dem Verfasser scheinen produktionsfördernde Faktoren vor allem auf dem Gebiete horizontaler industrieller Zusammenarbeit, speziell in den Kartellen und ihren neuesten Fortbildungen vorhanden zu sein. Ermöglichte die organisch aus der Industrie herausgewachsene Kartellbewegung doch in dem kurzen Zeitraum eines Menschenalters den Uebergang vom extremen Individualismus, von der absoluten Isoliertheit der Unternehmer zur Gemeinschaftsarbeit in immer fester organisierten Verbänden. Diese Bewegung wurde damit zu einem Wirtschaftsfaktor von entscheidender Wichtigkeit in Richtung auf ein mehr oder weniger vollkommenes und reibungsfreies Zusammenarbeiten der einzelnen Produktionsfaktoren. Die äußeren Erscheinungsformen dieser Bewegung: Kartelle, Syndikate usw. haben somit sehr tief in der heutigen Volkswirtschaft liegende Ursachen. Sie sind nicht willkürlich von den Unternehmern geschaffen, sondern sie und ihre neuesten Weiterbildungen, die nachfolgend weitgehende Beachtung finden sollen, sind n o t w e n d i g e Ergebnisse unserer ganzen wirtschaftlichen Entwicklung.

Rückblickend ist dabei festzustellen, daß die Wirkungen der Kartellbewegung auf p r o d u k t i o n s wirtschaftlichem Gebiete in der Zeit v o r dem Kriege mehr u n b e w u ß t als bewußt ausgelöst wurden. Wenn die Kartelle neben dem Zweck der Konkurrenzregelung und der Schaffung neuer Absatzgebiete den der t e c h n i s c h e n Vervollkommnung verfolgten und so die Rationalität durch Schaffung einer gewissen Stetigkeit in den Absatz- und Produktionsverhältnissen gefördert haben, so waren die dadurch bewirkten Erfolge auf p r o d u k t i o n s wirtschaftlichem Gebiete zumeist Begleiterscheinungen einer im wesentlichen auf den M a r k t gerichteten Verbandspolitik. Die Kartelltätigkeit lief hinaus auf eine „Regelung[1]) der P r o d u k t i o n in q u a n t i t a t i v e r Richtung, einem Kommando über die zu produzierenden M e n g e n, d. h. auf eine Regelung des Angebotes als Korrelat des Absatzes".

Die Bedeutung der in der Vorkriegszeit vorhandenen erheblichen Ansätze in Richtung einer möglichst rationellen Gestaltung des Wirtschaftsablaufes soll keineswegs verkannt werden. In der Kartelliteratur noch wenig beachtet, nahm der Praktiker die durch den Zusammenschluß in Kartellen gegebenen Möglichkeiten zur unmittelbaren Verbilligung und Verbesserung der Produktion wahr. Es war beispielsweise in der Zeit vor dem Kriege, als im wesentlichen eine Bekämpfung und Unterbringung von U e b e r produktion das Ziel war, rationelle Industriewirtschaft mitbestimmend: Im V e r - k e h r bei der Berechnung nach Frachtparitäten, der Lieferung von der frachtgünstigsten Fabrik. So wurde beispielsweise Bayern durch das Kalisyndikat mit sehr hochwertigen, mit relativ hohen Frachtraten belasteten Salzen beliefert, während Sachsen als Absatzgebiet für die minder guten Qualitäten in Frage kam. Der Zusammenschluß zu einem G e b i e t s k a r t e l l ermöglichte es vielfach den einzelnen Werken, sich auf die für das jeweilige Absatzgebiet in Frage kommenden Erzeugnisse zu spezialisieren. Es konnte auf diese Weise beispielsweise für die im Westen Deutschlands gelegenen landwirtschaftlichen Maschinenfabriken die Her-

---

[1]) T s c h i e r s c h k y: „Kartelle und Trusts", Leipzig 1911.

stellung von Maschinen mehr für den kleinbäuerlichen Betrieb, für die im Osten gelegenen für den Großbetrieb in Frage kommen. Das Kontingentierungskartell oder das Preiskartell enthob seine Mitglieder durch die Stetigung der Preise in sehr vielen Fällen des Zwanges, sich durch immer neue Qualitäten und anders geartete Ausführungen den Markt zu erhalten. Auch in der Produktion war schon zum Teil rationelle Industriewirtschaft mitbestimmend:

Lieferverbände der Syndikate zwecks besserer Zusammenlegung und Verteilung der Produktion, gemischte Werke im Schutze der Kartelle, Verkaufskontore, um die Aufträge nicht nur nach Menge, sondern auch nach Art planwirtschaftlich zu verteilen — Schiffsbaustahl-Kontor u. a.

Die veränderte Wirtschaftslage der Kriegs- und Nachkriegszeit erweckte in der Kartellbewegung schlummernde Kräfte zu bewußtem, tätigem Leben. In organischer Weiterbildung spannt diese neue Entwicklungserscheinung die Kartelle und die ihnen ähnlichen horizontalen Zusammenschlüsse in den Dienst der notwendigen Oekonomisierung der Volkswirtschaft durch Rationalisierung des Markt- und des Produktionsprozesses.

Der Umstand, daß die Anfänge dieser planmäßigen direkten Förderung der Produktion durch Kartelle zeitlich zusammenfallen mit dem Siegeslauf der vertikalen Zusammenschlußbewegung, deren Hauptmotiv ebenfalls in einer Rationalisierung des Produktionsprozesses liegt, macht die Abgrenzung der Produktionsförderung im Rahmen der horizontalen Konzentrationsbewegung gegenüber der im Rahmen vertikaler Konzentrationsbewegung notwendig.

Die tabellarische Uebersicht am Ende dieses Abschnittes stellt die äußeren Erscheinungsformen der horizontalen und vertikalen Konzentrationsbewegung zum Zwecke ihrer begrifflichen Bestimmung gegenüber. Es wird in ihr in der üblichen und bisher zutreffenden Weise mit Liefmann unterschieden zwischen **Unternehmerverbänden** (Kartellen, Syndikaten) als **monopolistische Zweckverbände gleicher oder nahe verwandter Unternehmungen auf vertragsmäßiger Grundlage** und **Unternehmergesellschaften** (Fusionen, Trusts, Konzernen) als **Unternehmerzusammenschlüsse auf finanzieller Grundlage.**

Ueber die Kartellorganisation selbst wird hier bei der Fülle der Erörterungen in der Literatur, sowohl was ihre Entstehung, Verbreitung, Ziele usw. anbelangt, hinweggegangen, da dieses als bekannt vorausgesetzt wird. Die Begriffe werden in dem üblichen von der wissenschaftlichen Literatur verwandten Sinne benutzt. Der praktische Teil vorliegender Untersuchung zeichnet jedoch u. a. auch Zusammenschlüsse (Spezialisierungs-Fertigungskartelle), die zeitlich der neuesten Wirtschaftsepoche angehören und die deshalb bei den alten Definitionen noch keine Berücksichtigung fanden. Es ist deshalb notwendig, in diesen Fällen von der begrenzten, für die meisten „Unternehmerverbände" allerdings auch heute noch zutreffenden Zweckbestimmung der monopolistischen Beherrschung oder Beeinflussung des Marktes auf vertraglicher Grundlage abzusehen und das Kartell zu charakterisieren als [1] **vertragliche Vereinigung von selbständig bleibenden Unternehmern derselben oder nahverwandter Wirtschaftszweige zum Zwecke der Hebung und Förderung ihrer wirtschaftlichen Lage durch gemeinsame Regelung ihrer Wirtschaftstätigkeit.**

Grundsätzlich wird jedoch an den alten, in der Literatur üblichen Definitionen wie denjenigen Liefmanns festgehalten und die Möglichkeit ihrer Anwendung auf die neuesten Organisationsformen später im Einzelfalle untersucht. Es können, wie in der Literatur fast überall gebührend hervorgehoben wird, die wissenschaftlichen Definitionen bei der Mannigfaltigkeit und Vielgestaltigkeit der Organisationsformen im Wirtschaftsleben den Inhalt dieser nur in großen Zügen begrifflich in Formen fassen. Ferner ist „in [2] der Praxis der Inhalt des Begriffs „Kartell" ein fließender, so daß jederzeit neue Spielarten der Organisation zu konstruieren sind und eine Untersuchung von Fall zu Fall ganz unerläßlich ist, wobei wissenschaftliche Definitionen nur Führerdienste zu leisten vermögen".

Folgende tabellarische Uebersicht [3] stellt die hauptsächlichsten Konzentrationsbegriffe in der Bedeutung, in welcher sie in dieser Arbeit gebraucht werden, gegenüber:

---

[1] vergl. auch Böhmer: „Die Forderungen einer Ertragssteigerung und der derzeitige Stand der Universal- und Fachvereinheitlichung in der deutschen Eisen- und Maschinenindustrie". Dissertation Köln 1922, S. 93.

[2] Tschierschky: „Kartelle und Trusts".

[3] vergl. auch Tross: „Der Aufbau der Eisen- und eisenverarbeitenden Industrie-Konzerne Deutschlands". Berlin 1923.

Konzentration
zum Zwecke

1.

der Marktbeherrschung

auf d e r s e l b e n Produktionsstufe

h o r i z o n t a l e Konzentration

K o a l i t i o n

a) Unternehmer v e r b ä n d e :
   Syndikate,
   Kartelle,
   Konventionen,
   Pools
   usw.

b) Unternehmer g e s e l l s c h a f t e n :
   Trusts,
   Fusionen,
   Konzerne,
   Interessengemeinschaften,
   usw.

2.

der Marktunabhängigkeit

von v e r s c h i e d e n e n aufeinander
angewiesenen Produktionsstufen

v e r t i k a l e Konzentration

K o m b i n a t i o n

a) Unternehmer g e s e l l s c h a f t e n :
   Konzerne,
   Kontrollgesellschaften,
   Beteiligungsgesellschaften,
   Interessengemeinschaften,
   usw.

b) Unternehmer v e r b ä n d e , soweit sie sich durch
   vertragliche Abschlüsse mit Unternehmerverbänden oder Einzelwerken der Vor- oder
   Nachstufe ihrer Produktion vom Markte u n -
   a b h ä n g i g machen.

2. Kritische Gegenüberstellung der produktions- fördernden Wirkungen horizontaler und vertikaler Konzentrationsbewegung.

In der kritischen Stellungnahme zu beiden Konzentrationsmethoden ist zu untersuchen, welche von beiden eine größere Förderung der Produktion, d. h. Verbilligung und Verbesserung derselben verbürgt. Hierbei darf der Blick jedoch nicht ausschließlich auf das p r o d u k t i o n s wirtschaftliche Gebiet gerichtet und die Untersuchung nicht dadurch begrenzt werden, daß lediglich die Wirkungen auf diesem Gebiete gegenübergestellt werden. Der vielleicht zu dieser Auffassung führende Ausdruck „Produktions"förderung umfaßt, wie schon betont, weitergehende Aufgaben. Die Wirkungen beider Konzentrationsmethoden auf die Rationalisierung des G e s a m t ablaufes unserer Wirtschaft gilt es zu erkennen und kritisch gegenüberzustellen! Neben die Aufgabe der Verbesserung und Verbilligung des P r o d u k t i o n s prozesses tritt somit als ebenso wichtige, für die Frage des deutschen Exportes besonders bedeutungsvolle Aufgabe die der Rationalisierung des A b s a t z prozesses. Und zwar durch Schaffung von gemeinsamen Absatzorganisationen, um einerseits einen möglichst reibungslosen Ablauf des Absatzprozesses durch Vermeidung gegenseitiger Konkurrenz auf dem Weltmarkte zu gewährleisten, andererseits durch diese großzügige Gemeinschaftsarbeit für eine steigende Unterbringung deutscher Exporterzeugnisse zu sorgen. Denn:

„Die [1]) organisatorisch genialste Steigerung und Verbilligung der Produktion mündet in einer ökonomischen Sackgasse, an deren Ende schwere privatwirtschaftliche und volkswirtschaftliche Verluste stehen, wenn es nicht gelingt, ihnen parallel zugleich für eine entsprechende fortdauernde gesicherte U n t e r b r i n g u n g der Erzeugnisse im In- und Auslande zu sorgen. Gerade Absatzorganisationen im Auslande sind heute für einen einzelnen Unternehmer kaum durchführbar . . . . ."

Wie lösen nun die horizontale und die vertikale Konzentrationsmethode diese Aufgaben, die wir 1. auf dem Gebiete der Produktion, 2. auf dem Markte erkannten?

---

[1]) T s c h i e r s c h k y: „Zur Reform der Industriekartelle".

Auf dem 1. Gebiete, dem der P r o d u k t i o n, ist im Hinblick auf die schon gelösten Aufgaben in der Zeit bis zum Kriege festzustellen, daß die den vertikalen Konzentrationsgedanken vertretenden Organisationen ihr Hauptaugenmerk bewußt auf dieses produktionswirtschaftliche[1]) Gebiet gerichtet haben. Die Wirkungen der Zusammenfassung mehrerer verschiedener Produktionsstadien zu einer wirtschaftlichen Einheit liegen auf i n n e r wirtschaftlichem Gebiete und betreffen die innere Struktur, während sich die Ziele und dementsprechend auch die Wirkungen der horizontalen Konzentrationsmethode, vornehmlich in Kartellen, Syndikaten und Konventionen, den Unternehmerverbänden, verwirklicht, mehr auf das ä u ß e r e Verhalten ihrer Mitglieder erstrecken, um ihre t a u s c h wirtschaftliche Tätigkeit zu regeln. Es bietet somit der kombinierte Zusammenschluß ohne Zweifel die Voraussetzungen für einen erhöhten Export deutscher Erzeugnisse durch die Rationalisierung des Produktionsprozesses.

Der Sozialist W i s s e l,[2]) Reichswirtschaftsminister a. D., erkennt die Begründung zu diesen Zusammenschlüssen in der „Notwendigkeit, unter allen Umständen durch möglichste Verbilligung der Produkte den Export zu erzwingen" an. „In allen diesen Zusammenschlüssen, auch wenn nicht das Kapital Stinnes' dahinter steht, sehen wir die Pläne Stinnes', wie er sie in seinem „Sozialisierungsvorschlag" vom Oktober 1920 niedergelegt hat, mit der zugrunde liegenden Tendenz einer positiven Produktionspolitik: die Bildung von „natürlichen" Interessengemeinschaften zwischen Kohle, Eisen, Stahl und Weiterverarbeitung bis zur höchsten Verfeinerung zum Zweck der großmöglichsten Produktivität, zur H e r a b d r ü c k u n g d e r S e l b s t k o s t e n auf das nur irgend zu erreichende niedrigste Maß . . . . . Es ist nicht zu bestreiten, daß die vertikale Gliederung zu einer Produktionssteigerung und zu einer Produktionsverbilligung führen wird. Sie ermöglicht in vielen Fällen

---

[1]) S c h a c h t: „Trust oder Kartell?" Preuß. Jahrb. Bd. 110 1902. S. 5/6: „Der Trust sucht sein Ziel zu erreichen durch die ökonomische Konzentration in der F a b r i k a t i o n und in der Verwaltung. Es sind die auf die möglichste Höhe getriebenen Vorteile des Großbetriebes, welche beim Trust zu einer ständigen V e r b e s s e r u n g und V e r b i l l i g u n g der Produktion führen . . ." Anders das Kartell! . . . . Ziel der Kartelle „eine der Wirklichkeit möglichst nahe kommende Beurteilung des M a r k t e s, der A b s a t z verhältnisse, der Aufnahmefähigkeit und deren Bewegung".

[2]) „Kritik und Aufbau". Ein Beitrag zur Wirtschaftspolitik der letzten zwei Jahre. — Rede vom 14 Oktober 1920 auf dem Parteitag der Mehrheitssozialdemokratie in Cassel. (Nach dem stenogr. Bericht im Parteitagsprotokoll.)

ein viel produktiveres Arbeiten, eine viel bessere, keinen Schwankungen unterworfene Ausnutzung der Produktionsmittel, Ersparung der Transportmittel, schließt Handels- und Zwischengewinne, nicht nur in den verbundenen Produktionsstufen, sondern auch im Austausch der Waren zwischen den einzelnen vertikalen Wirtschaftsträgern aus. Deshalb auch wird diese Organisationsform sich da durchsetzen, wo die Grundbedingungen für sie gegeben sind. Auch in der rein sozialistischen Gesellschaft ist dieser Zusammenschluß unvermeidlich, denn er entspricht geradezu elementar wirkenden Entwicklungstendenzen."

Trotz Anerkennung dieser von den kombinierten Betrieben gelösten und noch zu lösenden produktionstechnischen Aufgaben glaubt Wissel mit Tschierschky, Tröltsch u. a. jedoch in bezug auf eine planmäßige großzügige Rationalisierung des Produktionsprozesses den Wert der in der horizontalen Konzentrationsbewegung vorhandenen produktionsfördernden Faktoren, auf die im II. und III. Abschnitt eingegangen wird, höher anschlagen zu müssen:

„Beim [1]) vertikalen Zusammenschluß können für die Eisenindustrie, die Kohle, für die das Eisen und den Stahl verarbeitenden Glieder diese Stoffe verbilligt werden. Und damit auch die Fertigfabrikation. Das mag ganz erheblich sein, es mag für die betreffenden Wirtschaftskonzerne die Konkurrenzfähigkeit auf dem Weltmarkte erhöhen und ihnen damit einen wesentlichen Vorsprung vor ihren Konkurrenten verschaffen. Was aber wird mit den Betrieben, die nicht in dieser Lage sind? Sollen sie von diesen übermächtigen Gebilden tot konkurriert werden? Und was dann? . . . . Die vertikale Zusammenfassung ist nicht imstande, die Produktivitätssteigerung herbeizuführen, die wir brauchen, da es eine zu große Anzahl von Betrieben gibt, die aus der Organisation herausfallen . . . . Dagegen ist beim horizontalen Zusammenschluß eine Normalisierung, Typisierung und Serienbau möglich, der eine erhebliche Steigerung der technischen Leistung und bessere Ausnützung der Anlagen und dadurch Verbilligung der Produktion gewährleistet."

---

[1]) Wissel a. a. O.

In demselben Sinne äußert sich Tschierschky [1]). Er denkt dabei wie Wissel an die Hauptmasse der deutschen Industrie, die Klein- und Mittelbetriebe, deren Vorhandensein in so großer Zahl für die deutsche Industriewirtschaft typisch, zugleich aber auch l e b e n s - n o t w e n d i g ist:

„. . . . Vorbilder [2]) sind in gewissem Maße gegeben in den gemischten Großunternehmen. Hier bietet die bereits weitgehend durchgeführte horizontale und vertikale Zusammenlegung, die seit dem Kriege eine besonders starke Entwicklung genommen hat, den natürlichen Boden, auf dem sich jede produktions- und absatz- technische Verbesserung und Verbilligung gewinnen läßt. D i e g r o ß e M a s s e d e r I n d u s t r i e n wird sich aber die erforder- lichen Grundlagen erst neu zu schaffen haben, wobei sie schon mangels anderer organisatorischer Möglichkeiten auf die ent- sprechend zu modifizierenden K a r t e l l f o r m e n wird zurück- greifen müssen."

Das Herausfallen einer großen Anzahl von Betrieben aus der vertikalen Organisation läßt sie zugleich keine befriedigende Lö- sung für die auf dem 2. Gebiete, dem M a r k t e, liegenden Aufgaben bieten, die wir in einer Rationalisierung des Absatz- prozesses vornehmlich durch Vermeidung gegenseitiger deutscher Konkurrenz auf dem Weltmarkte erkannten.

Auf Grund dieser der vertikalen Konzentration eigentümlichen Tendenzen, die sich der Entwicklung unserer Wirtschaft in Richtung weiterer dem technischen Fortschritt nicht schadender Konkurrenzregulierung entgegenstellen, sieht T r o e l t s c h „in [3]) den Maßnahmen der vertikalen Konzentrationsmethode, wie genial durchdacht und durchgeführt sie sein mögen, eine V e r s c h ä r - f u n g d e s W e t t b e w e r b s und in diesem Differenzierungs- prozeß zugleich auch privatwirtschaftlich eine Gefahr für die Pro- duzenten selbst".

Diese mit der Verschärfung des Wettbewerbs verbundene Gefahr im Verein mit den schweren volks- und privatwirtschaft-

---

[1]) Vergl. S c h a c h t: Preuß. Jahrb. Bd. 112 1903, S. 153: „Tschierschky steht auf dem einen, ich auf dem anderen Standpunkt. Tschierschky will möglichst viele selbständige Einzelunternehmer erhalten, ich dagegen sehe in der Entwick- lung zum Großbetrieb keine soziale Gefahr."
[2]) T s c h i e r s c h k y: „Zur Reform der Industriekartelle", S. 82.
[3]) T r o e l t s c h: „Die deutschen Industriekartelle vor und seit dem Kriege".

lichen Verlusten, hervorgerufen durch Steigerung und Verbilligung der Produktion ohne gleichzeitige planmäßige Unterbringung derselben, lassen Tschierschky wie Pohle zur volkswirtschaftlich günstigsten Lösung der absatztechnischen Frage für die Organisation unserer Industrie in h o r i z o n t a l e r Richtung eintreten:

„Für[1]) mich ist auf Grund bisheriger Untersuchungen kein Zweifel, daß der Trust wohl auch die Vorzüge, aber in noch höherem Grad die Nachteile des kapitalistischen Großbetriebes im Sinn eines rast- und rücksichtslosen Vorwärtsdringens petrifiziert, während die Politik des Kartells weit mehr dahin strebt, zu zügeln, zu verteilen. Der Weltmarkt würde, von großen nationalen Trusts beherrscht, weit ausgreifende Preis- und Absatzkämpfe, geführt bis aufs Messer, erleben. Denken wir uns aber aufs internationale Gebiet die Organisationsfrage erweitert, so muß auch die einfache Kartellorganisation leistungsfähiger und schließlich nicht weniger durchführbar erscheinen als der Trust. (Lehrreich ist in dieser Hinsicht die Geschichte des „Schiffahrtstrusts", der durch die besonnene Haltung der deutschen Gesellschaften jetzt ein internationales Kartell darstellt.)"

„Die Gefahr,[2]) daß die Depression von einer allgemeinen Ueberproduktion begleitet wird, kann dabei durch Organisation der Produktion in Kartellen und ähnlichen Verbänden vermieden werden."

Ueber rein privatwirtschaftliche Nachteile der vertikalen Verkaufsorganisationen äußerte sich der Vorsitzende eines Kartells, dem mit einem Teil seiner Produktion das vertikal aufgebaute Krupp-Unternehmen angehört, dahingehend, daß sich für die Leiter dieser Verkaufsorganisationen aus dem Umstande große Schwierigkeiten ergäben, Erzeugnisse der verschiedensten Branchen anbieten zu müssen: Nähmaschinen, Kinematographen, Motorräder usw. Klagen der Kundschaft, namentlich der des Auslandes, über mangelnde Fachkenntnis der Verkäufer, wären die Antwort auf diese Schwierigkeiten, die bei der horizontalen Verkaufsgemeinschaft durch die ins einzelne gehende Kenntnis der Erzeugnisse bei den Verkäufern nicht vorhanden sind.

---

[1]) T s c h i e r s c h k y: „Kartelle und Trusts".
[2]) P o h l e in Tschierschky: „Kartelle und Trusts".

3. Von der Kartell- zur Trust- (Konzern-) Wirtschaft?

Nach der kritischen Gegenüberstellung der produktionsfördernden Wirkungen der horizontalen und vertikalen Konzentrationsbewegungen auf produktions- wie absatztechnischem Gebiet soll jetzt Stellung genommen werden zu dem Schlagwort: Von der Kartell- zur Trust- (Konzern-) Wirtschaft! Die in riesenhaftem, schwindelerregendem Ausmaße vor sich gegangene vertikale Zusammenballung der Wirtschaft erweckte in sehr Vielen die Ansicht, daß eine Produktionsförderung im Rahmen horizontaler Konzentrationsbewegung nicht mehr den Entwicklungstendenzen unserer heutigen Wirtschaft entspräche. Es ist deshalb zu untersuchen, ob der namentlich in der Nachkriegszeit zum vollen Durchbruch gekommene vertikale Konzentrationsgedanke wirklich die Tendenz hat, das deutsche Wirtschaftsleben auf die letzte Stufe der kapitalistischen Wirtschaftsweise, auf ein trustähnliches, d. h. vertikal aufgebautes Wirtschaftssystem umzustellen, die Kartelle dementsprechend als überlebte Wirtschaftsorganisationen immer mehr von ihrer Bedeutung verlieren und somit letzten Endes die Untersuchung der Frage einer Produktionsförderung im Rahmen des horizontalen Zusammenschlusses ohne praktischen Wert ist.

In seiner Schrift: „Die notwendige Entwicklung der deutschen Industrie zum Trust" verleiht Harmening[1] dieser Ansicht Ausdruck: „Ich behaupte, in einem Wirtschaftskampfe, wie er bereits entbrannt ist und immer schärfer in der Zukunft entbrennen wird, reicht die bloße Kartellierung der Industrie nicht aus, sondern nur der Trust kann helfen".

Dr. Fr. Sleyer[2] stellt ferner fest: „Das „freie Spiel der Kräfte" beginnt wieder stärker fühlbar zu werden. Derart gerät auch das aus der Zeit der Kartelle, Syndikate und monopolistischen Verkaufsgemeinschaften geborene wirtschaftliche Kräftedreieck ins Schwanken. Wenn aber nicht alle Zeichen trügen, stehen wir

---

[1] Ebenso: Schacht a. a. O., S. 17: „Kartell bedeutet Stillstand und Rückschritt der Produktion, bedeutet Schwächung im internationalen Konkurrenzkampfe, erhöhte Einseitigkeit in der Verteilung des Wohlstandes. Trust bedeutet Fortschritt der Produktion, Stärkung im internationalen Wettbewerb, vielseitige Verteilung des Einkommens". Ferner: „Der Stahltrust". Preuß. Jahrb. Bd. 112, S. 525; „Kartell ist Morphium, Trust ist Lebenselixier".

[2] Dr. Fr. Sleyer: „Rationelle Produktion in der Maschinenindustrie." Deutsche Bergwerkszeitung Nr. 59, März 1924.

heute an dem Scheideweg der wirtschaftlichen Organisationsformen. Das Zeitalter der Trusts, aus der Not der Zeit geboren, wird beginnen."

Es werden hier von Harmening und Sleyer wie überhaupt von den Anhängern ihrer Ansicht die mannigfachen realen Gegebenheiten und daraus resultierenden Bedenken übersehen, die gerade in der deutschen Industriewirtschaft fest verankert sind, um eine Amerikanisierung unserer Wirtschaft im Sinne der Beherrschung durch einige große zu Trusts gewordene Konzerne zu verhindern.

Mit Tschierschky und Wissel wurde schon hingewiesen auf die volkswirtschaftlichen Gefahren der sich aus fortschreitender Vertikalisierung ohne entsprechende horizontale Verständigung ergebenden „bis aufs Messer geführten" Konkurrenzkämpfe, dadurch ausgelöst, daß die Konzerne immer nur einen Ausschnitt einer Branche umfassen.

Im Hinblick auf die darauf bezüglichen Verhältnisse in einer unserer wichtigsten Exportindustrien, der Elektro-Industrie, weist Lenders[1]) darauf hin, daß „vor dem Weltkriege und in der Nachkriegszeit die beiden Hauptkonzerne besonders auf dem Gebiet der reinen Verkaufstätigkeit als schärfste Konkurrenten auf dem Weltmarkte" aufträten, und fordert deshalb, „daß die deutsche Elektroindustrie in ihrer Gesamtheit, besonders die zwei Hauptkonzerne, im Hinblick auf den Auslandsabsatz geschlossen auftreten .... Der Zusammenschluß ihrer Verkaufsorganisation würde wesentlich zu ihren Erfolgen auf dem Weltmarkte beitragen. Gegenüber dem Konzentrationsprozeß der englischen und amerikanischen Elektroindustrie, deren Ziel, wie die ungeheuren Exportorganisationen zeigen, das Weltmonopol ist, muß es ebenfalls das Bestreben der deutschen Elektroindustrie sein, sich zusammenzuschließen."

Das „Herausfallen vieler Betriebe aus der vertikalen Organisation", begründet in der Struktur gerade unserer deutschen Industriewirtschaft, in der unendlichen Vielheit, Vielgestaltigkeit und vor allem notwendigen individuellen Verschiedenheit unserer Produktionsstätten, läßt zugleich im Hinblick auf die Auswirkungen

---

[1]) Lenders: „Die Absatzorganisation der deutschen Elektro-Industrie". Dissertation Cöln 1922, S. 103.

in die Zukunft die Grenzen gerade der vertikalen Konzentrations-
möglichkeit gegenüber der horizontalen scharf hervortreten.

Betrachten wir ferner den Aufbau der schon vorhandenen
Konzerne oder konstruieren wir uns den Aufbau der sich aus immer
weiter fortschreitender Vertikalisierung ergebenden Konzerne, so
erkennen wir, daß diese Entwicklung zu immer riesigeren Konzernen zugleich die zwingende Notwendigkeit einer h o r i z o n -
t a l e n Gliederung in sich birgt: [1])

„Bei der theoretisch möglichen strengen Unterscheidung
zwischen horizontalen und vertikalen Konzernen muß beobachtet
werden, daß die Entwicklung weitergegangen ist; die bedeutenden
Konzerne der Eisen- und weiterverarbeitenden Industrien sind vertikal u n d h o r i z o n t a l z u g l e i c h aufgebaut.“

Für den i n n e r wirtschaftlichen Verkehr des Konzerns bedingen p r o d u k t i o n s technische Gründe die auf Besitz beruhende
horizontale Gliederung. Daß auch a b s a t z technische Gründe nicht
nur für das End- (Fertig-) Fabrikat, sondern auch für den Rohstoff
und das Halbfabrikat die treibenden Kräfte zur horizontalen, auf
vertraglicher Bindung beruhenden Verständigung sein können, zeigt
die schematische Darstellung eines durch vertikale Konzentration
geschaffenen, auf dem Rohstoffunternehmen aufgebauten Konzerns,
der in Deutschland gegenüber den von der Fertigindustrie und vom
Handel geführten Konzernen eine überragende Stellung einnimmt:

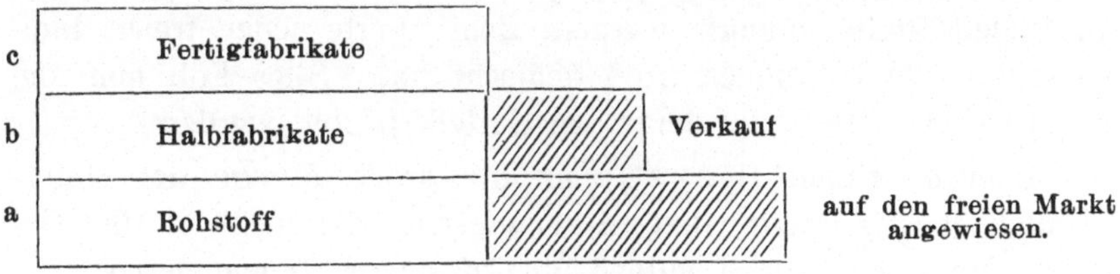

Daß auch der im Sinn des vertikalen Zusammenschlusses ideal
aufgebaute Konzern

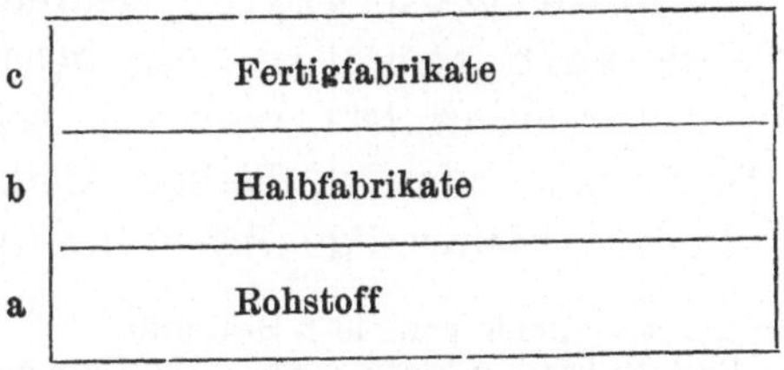

---

[1]) T r o s s : „Der Aufbau der Eisen- und eisenverarbeitenden Industrie-Konzerne
Deutschlands“.

zum Zwecke des möglichst reibungslosen Ablaufes der Gesamtwirtschaft zur horizontalen Verständigung für das Fertigfabrikat drängt, wurde schon angeführt.

Eine außerordentlich scharfe Grenze dieser Entwicklung, des „Zuges zum Trust“, zugleich wohl auch die größte sozial- und industriewirtschaftliche Gefahr dürfte in der systematischen Vernichtung der technisch hochentwickelten Mittelindustrie liegen, die mit ihrer auf ausgesprochener individueller Grundlage beruhenden Anpassungsfähigkeit zweifellos auch in Zukunft den wichtigsten Hebel für größte Kreise, namentlich für unsere Verfeinerungsindustrie bildet, nicht zuletzt auch für den internationalen Wettbewerb.

Der englische Nationalökonom Alfred Marschall,[1] gegenwärtig wohl der berühmteste anglosprachliche Vertreter auf dem Gebiete praktischer Volkswirtschaftslehre, nahm Ende 1919 in seinem Werk „Industry and trade“ zu dieser Streitfrage Stellung, die auch in Großbritannien infolge des Auflebens der kapitalistischen Organisationen sehr aktuell geworden war:

„Es ist wahr, daß gigantische Unternehmungen allein einigen der brennendsten Aufgaben der Jetztzeit gewachsen sind. Soweit aber ihre Gegenwart nicht durch technische Erwägungen gefordert wird, dürfte der unmittelbare Einfluß ihrer Größe, der aus einer überschnellen Verbreitung ihrer Herrschaft folgt, mit einem zu hohen Preise erkauft werden: dem Werte jener freien Individualität, die Britannien groß gemacht hat. Alles Lob muß der konstruktiven Arbeit der deutschen Kartelle gezollt werden.“

Ebenso erinnert Katz[2] „an die große Menge der Unternehmungen der Klein- und Mittelindustrie, die nicht in das Gebäude eines vertikal aufgebauten Konzerns hineinpassen . . . . während die Rationalisierung, vor allem durch das Mittel der Spezialisierung, durch horizontale Konzentration die Mittel- und Kleinbetriebe als selbständiges und gelenkes Werkzeug in der Hand des Unternehmers läßt, was von weittragender Bedeutung für die Produktionsstufen ist, die dem Markte am nächsten stehen und im Produkt hochwertige Arbeit festlegen . . . . Die

---

[1] angeführt in: „Kartell-Rundschau“ 1920 Heft 9/10.
[2] Katz: „Die Rationalisierung der deutschen Fertigindustrie“, Dissertation Freiburg 1922.

organische Entwicklung scheint dahin zu führen, daß der Gedanke der Rationalisierung immer mehr von der kaufmännisch-technischen Seite zu verwirklichen gesucht wird, die finanzielle Verbindung dagegen von ihrer überragenden Bedeutung verliert und nur noch die Stellung eines Mittels zum Zweck hat."

Schulz-Mehrin,[1]) der zu der Frage „Zentralisierung und Dezentralisierung" Stellung nimmt, glaubt ebenfalls, daß „die bekannte These, nach der die wirtschaftliche Entwicklung unaufhaltsam dem kapitalistischen zentralistischen Großbetriebe zustrebt und der kleine Mittelbetrieb zum Untergang verurteilt sei, der Berichtigung bedarf. Mehr und mehr scheint sich eine zweite Entwicklungsrichtung herauszubilden, bei der die bekannten Vorteile des Großbetriebes durch entsprechenden Zusammenschluß der Klein- und Mittelbetriebe erreicht werden sollen, während gleichzeitig versucht wird, die unleugbaren Nachteile des Großbetriebes zu vermeiden. Noch steht diese Entwicklungsform im Anfang, aber sie läßt doch bereits erkennen, was in der wirtschaftlichen Entwicklung immer wieder festgestellt werden muß, daß die Möglichkeiten des wirtschaftlichen Fortschritts und der planvolleren Gestaltung der Wirtschaft so mannigfaltig sind, daß es vermessen ist, die Entwicklungsrichtung auf längere Zeit hinaus voraussagen zu wollen."

Diesen Gedanken, daß die horizontale Konzentration und speziell die Kartelle als Haupterscheinungsform ihre Bedeutung noch nicht verloren haben, sondern lediglich die Nachkriegszeit mit ihrem Warenhunger, wodurch fast jeder Fabrikant Monopolist wurde, die Beachtung von diesen für die Hausseepoche — scheinbar — nicht notwendigen Organisationsformen abziehen konnte, formulieren Tschierschky wie Liefmann dahin, daß „die Kartelle das Fundament unserer industriellen Wirtschaftsführung bleiben" würden.

„Lediglich[2]) die Inflationskonjunktur der Nachkriegszeit ließ das Problem der Anpassung von Produktion und Absatz an Be-

---

[1]) Schulz-Mehrin: „Formen des Zusammenschlusses von Unternehmungen zwecks Verbesserung und Verbilligung der Produktion", Berlin 1921. Seite 30/31.

[2]) Liefmann: „Kartelle und Trusts" S. 193. Vergl. die neueste Stellungnahme zu dieser Frage in der Sondernummer der „Kölnischen Zeitung" zur Kölner Messe vom 11. 5. 24: „Vor dem Kriege pflegte man in Deutschland vielfach die Kartelle und die Trusts einander gegenüberzustellen und sprach namentlich

deutung zurücktreten . . . . Die Gestaltung der Wechselkrise förderte den Export. In solchen Zeiten treten die Kartelle an Bedeutung zurück hinter den spezifisch k a p i t a l i s t i s c h e n Problemen, den Organisationsproblemen i n n e r h a l b der Unternehmungen . . Ich glaube nicht, daß die Konzerne auf die Dauer den Kartellen viel Abbruch tun werden. Monopolistische Zusammenfassungen der ganzen Industrie, also eigentliche Trusts, sind nur in kleineren Unternehmungszweigen möglich. Wo aber mehrere große Unternehmungen oder Konzerne nebeneinander bestehen, und wo daneben, wie in Deutschland in der Regel, noch eine größere Zahl von mittleren und kleineren Unternehmungen vorhanden ist, werden die Kartelle ihre Bedeutung behalten."

Als letztes Argument für die Einseitigkeit der Auffassung, die in dem Schlagwort: Von der Kartell- zur Trust- (Konzern-) Wirtschaft! zum Ausdruck kommt, seien neben die Worte des Wirtschaftstheoretikers diejenigen des Praktikers, eines Meisters, ja d e s deutschen Meisters auf dem Gebiete industrieller Konzentration gestellt, der, in Jahrzehnten rechnend, um diese dem allgemeinen Denken und Fühlen vorauseilte und dessen Tatkraft sich in solchem Ausmaße auswirkte, daß durch sie die vertikale Konzentration zum vollen Durchbruch kam, diese Wirtschaftsepoche mit seinem Namen für immer verbindend. Gelegentlich einer Debatte im wirtschaftspolitischen Ausschuß des vorläufigen Reichswirtschaftsrates erklärte Hugo S t i n n e s : „Vertikale Organisationen sind auch Kinder ihrer Zeit. Wenn Sie kein Geld und keine Ware haben, dann werden Sie vertikal organisieren, damit Sie Geld und Rohmaterial sparen, indem Sie die Produktion aufeinander einstellen, um mit möglichst wenig Mitteln und Geld auszukommen. Wenn Sie im Ueberfluß schwimmen, was eines Tages wohl auch wieder der Fall sein wird, dann wird die horizontale Organisation sich in den Vordergrund schieben. Ich selbst habe sehr eifrig an den horizontalen Organisationen mitgewirkt, die wir in der Vorkriegszeit hatten, und ich hoffe, wenn ich lange genug lebe, auch noch einmal umsatteln zu dürfen."

---

in der Montanindustrie von einer Entwicklung von den Kartellen zum Trust. Anstelle der Trusts ist jetzt der Begriff K o n z e r n das Modewort geworden, und wie man früher davon sprach, daß die Trusts die Kartelle verdrängen werden, so wird jetzt behauptet, daß die Konzernbildung an wirtschaftlicher Bedeutung die Kartelle weit überrage . . . ."

II. Begriff der Produktionsförderung im Rahmen der Kartellpolitik.

1. Mittelbare Produktionsförderung.

Nachdem im ersten Abschnitt der Arbeit eine Abgrenzung und kritische Gegenüberstellung der Produktionsförderung im Rahmen h o r i z o n t a l e r Konzentrationsbewegung gegenüber der im Rahmen v e r t i k a l e r Konzentrationsbewegung vorgenommen wurde, wird im vorliegenden Abschnitt grundsätzlich Stellung genommen zu dem Begriff der Produktionsförderung im Rahmen der Kartellpolitik.

Dabei ist es notwendig, zwischen den Begriffen m i t t e l - b a r e r und u n m i t t e l b a r e r Produktionsförderung zu unterscheiden und beide scharf voneinander abzugrenzen. **Diese Untersuchung befaßt sich lediglich mit dem Begriff der u n m i t t e l - b a r e n Produktionsförderung.** Alle die Fragenkomplexe, die mit dem Begriff m i t t e l b a r e r Produktionsförderung zusammenhängen, werden grundsätzlich aus ihrem Rahmen ausgeschieden, oder nur kurz gestreift, soweit es der Zusammenhang verlangt.

Es handelt sich bei dieser **mittelbaren Produktionsförderung** um alle die Maßnahmen, welche die allgemein unter dem H a u p t - zweck der Kartelle bekannte eigentliche Tätigkeit nach sich zieht. Diese Maßnahmen greifen nicht d i r e k t in die Sphäre der Produktion und des Absatzes beim einzelnen Kartellmitglied ein, sondern regeln mehr das ä u ß e r e Verhalten, seine t a u s c h w i r t - schaftliche Tätigkeit; letzteres jedoch nur bis zu dem Punkte, wo die tauschwirtschaftliche Funktion dem Mitglied durch eine gemeinsame Verkaufsorganisation g a n z genommen wird, was als u n -

mittelbare Produktionsförderung anzusehen ist. Alle diese mehr beschränkenden Maßnahmen haben jedoch ohne Zweifel auch eine Verbesserung der Produktion zur Folge, indem der wirtschaftliche Daseinskampf geregelt wird und infolgedessen weniger zerstörend wirkt, wie Verfasser auf Seite 8/9 ausführte.

Es handelt sich bei der mittelbaren Produktionsförderung somit in der Hauptsache um Maßnahmen auf den Gebieten der Preispolitik, Lieferbedingungen (Verpackungsvorschriften, Skontoabzüge . . . .) und der Regelung der Wettbewerbsverhältnisse, wie Eindämmung des übermäßigen Wettbewerbs, der nicht mehr dem Fortschritt dient, sondern zu unproduktiver Aufwendung von Kapital und Arbeit führt, z. B. durch übertriebene Reklame, allzuviele Reisende, vielfache Ausarbeitung von Projekten usw. Ferner um Belehrung und Beratung der Mitglieder in wirtschaftlichen und technischen Angelegenheiten durch Auskünfte, Rundschreiben, Vorträge, Unterrichtskurse, Beratungsstellen, Herausgabe von Vereinszeitschriften; Unterrichtung der Mitglieder über Vorgänge auf dem Auslandsmarkte durch ständige Vertreter dort; gemeinsame Ausstellungen, gemeinsame Bezugsquellenlisten usw.

2. Unmittelbare Produktionsförderung.

a) Kartellmaßnahmen und Einrichtungen.

aa) Systematische Uebersicht.

Bei der unmittelbaren Produktionsförderung, die den Gegenstand dieser Untersuchung bildet, handelt es sich um alle direkten Kartellmaßnahmen und Einrichtungen, die die Gewinnsteigerung nicht so sehr auf Kosten der Abnehmer, also im Kampf mit ihnen, als vielmehr durch Vergrößerung der Spannung zwischen Verkaufs- und Herstellungskosten erreichen wollen. Diese Maßnahmen richten ihr Hauptaugenmerk bewußt auf das produktionswirtschaftliche Gebiet, auch auf das des Absatzes, soweit die tauschwirtschaftliche Funktion dem einzelnen Mitglied ganz oder doch sehr weitgehend genommen wird. Sie berühren das innerwirtschaftliche Gebiet, die innere Struktur. Es sind die organisatorischen Bestrebungen

mit dem Zweck der „programmatischen Systematisierung der Er-
zeugung" oder wie Rathenau es anläßlich der Gründung der
Osram G. m. b. H. 1917 ausführte, „der V e r e i n f a c h u n g d e r
P r o d u k t i o n, des V e r t r i e b e s und des A u s t a u s c h e s der
E r f a h r u n g e n."

Versuchen wir diese Maßnahmen und Einrichtungen unmittelbarer Produktionsförderung, die einem Kartell zur Verfügung stehen, systematisch zu erfassen, so sehen wir, daß sich diese auf
drei Gebiete erstrecken können. Für jedes von ihnen seien durch
Stichworte Beispiele genannt:

1. Einkauf: Gemeinsamer Einkauf,
Einkaufsgemeinschaft,
Gemeinsame Rohstoffherstellung
usw.

2. Produktion: Verständigung über das Fabrikationsprogramm
(Arbeitsteilung innerhalb des Kartells, Speziali-
sierung, Typisierung, Normalisierung),
Erfahrungsaustausch (Bestellung eines technischen
Beirats),
Austausch von Spezialarbeitern, Ingenieuren usw.
Gemeinsame Erprobung neuer Rohstoffe, Kon-
struktionen, Arbeitsverfahren usw.,
Lizenzgemeinschaft,
Patentgemeinschaft,
Versuchsgemeinschaft,
Gemeinsame Produktionseinrichtungen,
Gemeinsame Montagewerkzeuge, Monteure usw.,
Gemeinsame Projektierungs- und Konstruktions-
büros,
Gemeinsame Transporteinrichtungen,
Liefergemeinschaften zwecks besserer Zusammen-
legung und Verteilung der Produktion,
Bestellung von Fachausschüssen für produktions-
technische Fragen (Normung, Selbstkostenrech-
nung, Verbesserung der Wirtschaftsstatistik usw.)
usw.

3. Absatz: Zentraler Verkauf durch Syndikatsstelle, Verkaufskontor, Exportvereinigung,

Lagergemeinschaft, gemeinsame Reparaturwerkstätten,

Lieferung von der frachtgünstigsten Fabrik (Frachtparität),

Bestellung gemeinsamer Vertreter (vor allem für das Ausland) und Abschluß gemeinsamer Mantelverträge mit den Vertretern,

Gemeinsame Reklame (Kataloge, Inserate) vor allem für das Ausland in mehreren Sprachen,

Gemeinsame Beschickung von Ausstellungen usw.

Von diesen nur stichwortartig, keineswegs erschöpfend, angedeuteten Kartellmaßnahmen und Einrichtungen unmittelbarer Produktionsförderung werden im vorliegenden Teil der Arbeit noch näher erörtert auf dem Gebiet

der Produktion: Die Spezialisierung (bb) sowie die Lizenz- und Versuchsgemeinschaft (cc),

des Absatzes: Das Exportsyndikat (dd).

Die praktische Einspannung in den Dienst der Wirtschaft dieser sowie der übrigen nachfolgend nicht näher erörterten Maßnahmen und Einrichtungen zeigt der III. Teil der Arbeit.

bb) Die Spezialisation (Begriff, Wesen, Wirkung).

Eines der wirksamsten Mittel zur Rationalisierung des Produktions- und Absatzprozesses auf dem Wege unmittelbarer Produktionsförderung ist den Kartellen in der Durchführung der S p e z i a l i s a t i o n[1]) gegeben, soweit diese fabrikationstechnisch und wirtschaftlich als Kartellmaßnahme am Platze ist, was bei der Herstellung vertretbarer Güter (z. B. Kohle, Fensterglas usw.) zumeist nicht der Fall sein wird.

---

[1]) Die Frage der Spezialisierung wird eingehend in der vom Ausschuß für wirtschaftliche Fertigung im Jahre 1920 herausgegebenen Druckschrift Nr. 2: „Die industrielle Spezialisierung, Wesen, Wirkung, Durchführungsmöglichkeiten und Grenzen" von S c h u l z - M e h r i n behandelt, dessen Gedankengängen in Bezug auf die praktische Verwirklichung der Spezialisierung im vorliegenden Abschnitt gefolgt wird.

D e r n b u r g sieht nur das Kartell als eine fortgeschrittene Wirtschaftsform an, das sich dieses Mittels der Spezialisation bedient:

„Wenn wir nach dem Krieg e i n großes Interesse haben, so ist es die Erlangung umfassender Produktivität. Es muß im äußersten sparsam und r a t i o n e l l gearbeitet werden, und da bietet das s p e z i a l i s i e r t e K a r t e l l die größte Möglichkeit."

Auch Prof. L e i d i g glaubt das Ideal eines Kartells nicht in einem Kartell erblicken zu dürfen, das nach alter Norm aufgebaut ist, lediglich zur Durchführung einer Preiskonvention im Verein mit einer Kontingentierung der Produktion. „Vielmehr sollte sich die Kartellierung", so sagt er, „ein weiteres Ziel setzen, nämlich innerhalb des Kartells dahin zu streben, die h ö c h s t m ö g l i c h e P r o d u k t i v i t ä t herauszubekommen und durchzuführen durch eine S p e z i a l i s i e r u n g der einzelnen Kartellbetriebe . . ., und je weiter ich in die Halbstofferzeugungs- und Fertigfabrikatskartelle hineingehe, vielleicht auch in die Händlerkartelle, insoweit sie alle nur auf genügend lange Dauer und fest genug aufgebaut sind, umsomehr trifft das zu."

Zu derselben Anschauung gelangt Dipl.-Ing. Dr. S e y f e r t - Würzburg in seiner „Entwicklung der Industriekartelle" (VDMA Druckschrift). Indem er festzustellen versucht, in welcher Richtung sich die Zusammenschlußbewegung in der Industrie in der nächsten Zukunft voraussichtlich entwickeln wird, glaubt er annehmen zu dürfen, „daß es scheint, als ob man endgültig und in größerem Maßstabe, als es jetzt noch geschieht, die F e r t i g u n g, das F a b r i k a t i o n s p r o g r a m m zur G r u n d l a g e der V e r e i n b a r u n g e n mit den W e t t b e w e r b e r n machen müsse. Beherrschten in der Zeit v o r dem Kriege die Formen, die ich unter

---

Derselbe: „Sozialisierung, Planwirtschaft oder Sozial-organische Ausgestaltung der Produktion?" Druckschr. Nr. 1, Berlin 1919.

Derselbe: „Formen des Zusammenschlusses von Unternehmungen zwecks Verbesserung und Verbilligung der Produktion" Nr. 9, Berlin 1921.

S c h e i b l e r: „Die volkswirtschaftliche Bedeutung der Vereinheitlichungsbestrebungen in der deutschen Industrie." Dissertation Würzburg 1922.

K a t z: „Die Rationalisierung der deutschen Fertigindustrie." Dissertation. Freiburg 1922.

T s c h i e r s c h k y beschränkt sich in: „Zur Reform der Industriekartelle" auf eine kartelltechnische Systematisierung der Frage. Seitens der spezifischen Kartellpraxis und Wissenschaft ist dieses Problem, soweit ich sehe, bisher noch nicht ausführlicher behandelt.

dem Sammelnamen „Verkaufskartelle" zusammengefaßt habe, durchaus das Bild, so daß man häufig bei der Darstellung der Kartelle lediglich diese Formen berücksichtigte, so hat in der letzten Zeit das Fertigungskartell an Bedeutung gewonnen . . . . Man erhält es, wenn man von der Seite der Fabrikationstätigkeit ausgeht und die Verabredungen zunächst auf die Fertigung erstreckt. Gehen wir von ihr aus, so treffen wir sofort auf die drei bekannten Schlagworte: Normung, Typisierung, Spezialisierung. Abmachungen über Normung und Typisierung finden wir schon viel, ohne daß sie in das Gebiet der Kartellierung eingreifen. Dabei ist aber zu bedenken, daß sich Vereinbarungen über Normung und Typisierung viel leichter treffen lassen, wenn bereits eine Fühlungnahme aus anderen Gründen in einem Kartell vorhanden ist. Dagegen besteht ein sehr enger Zusammenhang zwischen Spezialisierung und Fertigungskartell. Sie sind beide voneinander abhängig . . . . Allem Anschein nach geht die Entwicklung in Richtung dieses Fertigungskartelles weiter. Die wirtschaftliche Lage erfordert dringend billige Arbeit und eine Grundbedingung dafür ist bessere Arbeitsorganisation. Die Spezialisierungskartelle aber weisen den Weg, wie diese Verbesserungen für bestimmte Industriezweige oder wenigstens bedeutende Zweige dieser Industrie durchgeführt werden können."

Versuchen wir deshalb Begriff, Wesen und Wirkungen der Spezialisierung, soweit letztere als Ausfluß von Kartellmaßnahmen unmittelbarer Produktionsförderung in Frage kommen, klarzustellen.

Ueber den **Begriff und das Wesen der Spezialisierung** ist zu sagen, daß Spezialisierung die Verständigung einer Anzahl von Fabriken über den Arbeitsplan in sich schließt, das heißt also, Abstimmung ihrer Fabrikationsprogramme durch ein Uebereinkommen darüber, welche Erzeugnisse jede der beteiligten Firmen künftig herstellen soll.

Liegt zunächst im Wesen der Spezialisierung eine fabrikatorische Arbeitsteilung, so kann diese Arbeitsteilung nur dann wertvolle Erfolge haben, wenn wiederum die spezialisierten Betriebe in eine Art von Arbeitsverbindung untereinander treten, indem sie zu einer produktionstechnischen Einheit — in horizontaler Richtung — zusammengefaßt werden, vor allem auch zur zweckmäßigen Zusammenarbeit beim Vertrieb, die bei der Durchführung der Spezialisierung eine wichtige Rolle spielt.

Daß bezüglich der Verbilligung des Vertriebes die Intensität der Wirksamkeit in volkswirtschaftlicher wie privatwirtschaftlicher Hinsicht wesentlich durch die mehr oder minder große Anzahl der Firmen bedingt ist, die in einer Branche diese Bestrebungen mitmachen und sich zu einem derartigen Kartell zusammenschließen, ist verständlich. Andererseits ist im Hinblick auf die Rationalisierung des Produktionsprozesses eine Grenze gezogen, die erkennen läßt, daß ein derartiges Spezialisierungs- oder Fertigungskartell nicht immer notwendigerweise möglichst viele oder sogar alle Werke einer Branche umschließen muß. Diese Grenze ist oft mit dem Augenblick erreicht, wenn sich dem Spezialisierungskartell genügend viele Werke angeschlossen haben, um sämtliche Erzeugnisse ihrer Branche herzustellen, wenn die Verkaufsorganisation dieses Kartells über ein „gut assortiertes Lager" verfügt, auf Grund dessen sie die Nachfrage des Abnehmerkreises ihrer gesamten Branche decken kann. Hierin sieht Seyfert einen grundlegenden Unterschied des Spezialisierungskartells zum gewöhnlichen alten (Preis-)Kartell, dessen günstige Wirkungen erst ausgelöst werden, wenn es eine Monopolstellung innehat, d. h. nennenswerte Außenseiter nicht mehr vorhanden sind. Bei den Spezialisierungskartellen, die ebenso wie die Verkaufskartelle zur Verkaufsgemeinschaft führen, ist diese Monopolstellung nicht notwendig. Gerade wegen des unmittelbaren, nicht erst mittelbaren Nutzens genügt es beim Spezialisierungskartell, daß sich nur ein gewisser Teil der Gesamterzeugung, der je nach den Verhältnissen verschieden groß ist, zusammenschließt. Hier werden dann, ohne daß eine Monopolstellung erreicht wird, genügend große Vorteile und Erfolge, vor allem auf produktionstechnischem Gebiete, erzielt. Es zeigt sich hier deutlich, daß Verkaufskartelle, wie sie nach alter Norm aufgebaut sind, nur einen mittelbaren Nutzen auslösen, der sich erst bei Monopolstellung voll auswirkt, während Spezialisierungskartelle unmittelbare Vorteile bieten.

Durch diesen Unterschied ergibt sich jedoch zugleich eine Schwierigkeit bei der Definition dieser neuen Zusamenschlußformen.

Auf der einen Seite sehen wir diese Zusammenschlüsse [1] mit „Produktions-Interessen-Spezialisierungs g e m e i n s c h a f t e n" bezeichnet, mit „Spezialisierungs k a r t e l l" nur dann, wenn sich fast alle bedeutenden Firmen einer Branche zusammengeschlossen haben und die Möglichkeit einer monopolistischen Beeinflussung des Marktes gegeben ist.

Eine andere Richtung der Literatur, darunter vor allem die der industriellen Verbände, [2] bezeichnet einen derartigen Zusammenschluß zum Zwecke der unmittelbaren Förderung der Produktion auch ohne ausgesprochenen Monopolcharakter mit „Spezialisierungs k a r t e l l". Für den K a r t e l l charakter eines solchen Zusammenschlusses sind hier vor allem folgende drei Punkte maßgebend:

1. die F r e i w i l l i g k e i t der Uebereinkunft (Vertrag),
2. die Fortdauer der S e l b s t ä n d i g k e i t,
3. der Z w e c k : „Regelung der Produktion und des Absatzes."

Daß im Interesse eines möglichst reibungslosen Ablaufes des Absatzprozesses, ferner der Möglichkeit der Anpassung der Produktion an die Nachfrage, der Zusammenschluß möglichst vieler Firmen einer Branche bezw. die Verständigung mehrerer in einer Branche vorhandener Spezialisierungskartelle erwünscht ist, wurde schon betont.

Ueber die **Wirkungen der Spezialisation** kann man im allgemeinen wohl sagen, daß sie in rein technisch-fabrikatorischer Hinsicht nur Vorteile bietet, daß sie die eigentliche F e r t i g u n g wesentlich zu verbessern und zu verbilligen vermag. Die mit der Möglichkeit der horizontalen Aufteilung der Produktionsaufgaben verbundenen ins Auge springenden Vorzüge sind: Hebung der Qualitätslinie bei bleibender Preislinie, da die Kosten meist nur unterproportional mit der Hebung der Güte wachsen. Das Beobach-

---

[1] Den industriellen Produktionsgemeinschaften läuft parallel, jedoch zeitlich älter, der in den genossenschaftlichen Organisationen des Kleingewerbes (z. B. Magazingenossenschaften der Tischler usw.) zum Ausdruck kommende Zusammenschlußgedanke. Der Untersuchung der Zusammenhänge: Genossenschaften und Produktionsgemeinschaften räumt K a t z weiteren Raum ein in:

K a t z : „Die Rationalisierung der deutschen Fertigindustrie mittels vertragsmäßiger Kooperationsgemeinschaften vollständig gleichberechtigter Werke." Dissertation Freiburg 1922.

[2] So die Druckschriften des VDMA. vergl. auch unter anderem Tschierschky: „Zur Reform der Industriekartelle", Seite 87.

tungsfeld für den Techniker wird ferner nur auf einen Bruchteil des bisherigen eingeschränkt, so daß er die nötige Muße hat, den Arbeitsvorgang auf Wirtschaftlichkeit eingehend zu untersuchen. Als Folge ergibt sich: Oekonomisierung der mechanischen Kraft wie der manuellen Arbeit. Dies hat neuen Fortschritt zur Ursache, Sinken der anteiligen Kosten, Verbilligung der Preise, Eroberung des Marktes, Massenerzeugung, erhöhten Gewinn, der sich niederschlägt in neuen Anlagen und neuem Produktivkapital.

Schulz-Mehrin stellt in Stichworten die Wirkungen der Spezialisation auf die Herstellung folgendermaßen zusammen:[1]

Konzentrierung der Kräfte und Erfahrungen; Qualitätsarbeit; Förderung der Reihen- und Massenerzeugung (Typung: Reihenherstellung fertiger Marktprodukte; Normung: Massenherstellung von Einzelteilen); gesteigerte Anwendungsmöglichkeit von Maschinen; größte Uebersichtlichkeit; Vermeidung von Umstellungen und Leerläufen; Möglichkeit der Ersetzung gelernter durch ungelernte Arbeiter; verminderte Lagerhaltung; Ersparung an Umstellungs-, Transport-, Verwaltungskosten; kürzere Lieferfristen.

In wirtschaftlicher, besonders vertrieblicher Hinsicht sind die Grenzen der Spezialisation enger gezogen. Sie hat hier teilweise Gefahren im Gefolge, deren Größe nicht übersehen werden darf: Die als Folge der Spezialisation sich ergebenden Massenerzeugnisse sind, wenn überhaupt, vielfach nur absetzbar, wenn ein Abnehmerkreis aufgesucht und bearbeitet wird. Unter Umständen muß der Massenbedarf überhaupt erst geweckt werden. „Die[2] Spezialisierung erfordert also in vielen Fällen eine umfassende Vertriebsorganisation und energische Vertriebsmaßnahmen, d. h. großen Aufwand für Vertrieb der Erzeugnisse. Eine Folgerung, die durch die Erfahrungen fast aller reinen Spezialfabriken bestätigt wird . . . . Ist ferner der Bedarf in einem Erzeugnis auch im Ganzen groß genug, um die spezialisierte Erzeugung in Massen zu ermöglichen, so kann er doch zeitweise, z. B. in Wirtschaftskrisen, soweit nachlassen, daß die Spezialfabriken, die sich nur auf dieses eine Erzeugnis gelegt, gewissermaßen alles auf eine Karte gesetzt haben, zeitweilig nicht genügend beschäftigt sind,

---

[1] Schulz-Mehrin a. a. O. S. 13—18.
[2] Schulz-Mehrin: Die industrielle Spezialisierung, Wesen, Wirkung, Durchführungsmöglichkeiten und Grenzen.

und dann so unrationell arbeiten, daß die Vorteile der Spezialisierung ebenfalls wieder verloren gehen. Der Bedarf in einem
Erzeugnis kann überhaupt dauernd zurückgehen, weil es durch
Neuerungen überholt oder eingeschränkt wird, wie z. B. die
Dampfmaschinen durch die verschiedenen anderen Kraftmotoren. . . .
In solchen Fällen ist eine Spezialfabrik unter Umständen auf das
äußerste gefährdet, wie das Schicksal einiger Dampfmaschinenfabriken beweist."

Die konkreten Maßnahmen der Produktionspolitik von Spezialisierungsgemeinschaften werden sich immer nach dem Grade
der Festigkeit des Aufbaues der in Frage kommenden Organisation
richten müssen, der vor allem in der zeitlichen Begrenzung
des Zusammenschlusses zum Ausdruck kommt. Der größte Teil der
industriellen Zusammenschlüsse wird dabei weniger in Richtung
einer grundsätzlichen totalen Aenderung des bisherigen Systems
der Produktion vorgehen können, als vielmehr in Richtung mehr
teilweiser Korrekturen des Erzeugungsprozesses, wobei eine
Fülle von Aufgaben der Lösung harrt.

Die Vermeidung des übermäßigen nicht dem technischen
Fortschritt dienenden Wettbewerbs ist auf dem absatztechnischen Gebiete die Hauptwirkung der Spezialisation, die besonders
hoch angeschlagen werden muß, wenn man daran denkt, daß ein
sehr großer Teil der Selbstkosten der deutschen Industrie, vor allem
vor dem Kriege, auf einen übermäßigen Wettbewerb zurückgeführt
werden muß, auf die dutzend-, ja, mehrdutzendfache Umwerbung
fast jeden, auch des kleinsten Auftrages, auf die Unterhaltung eines
Riesenheeres von Reisenden, Vertretern, Werbeangestellten, auf ein
Uebermaß von Zeitungs- und Zeitschriftenverzeichnissen, von
Werbedrucksachen, auf die dutzendfache kostspielige Ausarbeitung
von Entwürfen und dergleichen mehr.

cc) Die Lizenz- und Versuchsgemeinschaft.

Zur Illustration der Bedeutung der Versuchs- und Lizenzgemeinschaften für die Verbesserung und Verbilligung der Produktion im Rahmen der Kartellpolitik sei zunächst auf die dem
Verfasser aus der deutschen Glasindustrie bekannt gewordenen
Verhältnisse kurz hingewiesen.

Im Jahre 1921 schlossen sich drei Hütten zu einer L i z e n z - g e m e i n s c h a f t zusammen. Diese ermöglichte den gemeinsamen Erwerb eines ausländischen Patentes. Die treibende Kraft zu diesem engen Zusammenschluß war die Erkenntnis, daß die privat- wie volkswirtschaftlich günstigste Lösung der Einführung dieses neuen Verfahrens nicht in seiner viel kostspieligeren E i n z e l einführung läge, sondern vielmehr auf dem Wege der horizontalen Verständigung durch ein g e m e i n s a m e s Vorgehen der größten und leistungsfähigsten deutschen ....Glasfabriken. Die Behauptung vom Stillstand wirtschaftlichen und technischen Fortschrittes unter dem Einfluß der Kartelle findet hiermit zugleich ihre Widerlegung. Die Vermeidung schwerer allgemeinwirtschaftlicher Schäden durch die plötzliche Vernichtung bezw. Brachlegung großer Mengen stehenden Kapitals ist auf Konto dieser horizontalen Verständigung zu buchen. Sie machte den Erwerb des ausländischen für unsere Volkswirtschaft vor allem hinsichtlich des Exportes außerordentlich wertvollen Patentes erst möglich.

Um die notwendigen ersten Versuche mit dem Patent für seine Inhaber möglichst billig und rationell zu gestalten, schlossen sich die drei Glashütten zu einer V e r s u c h s g e m e i n s c h a f t zusammen und gründeten zu diesem Zweck eine Gesellschaft mit beschränkter Haftung. Auf dem von einem Gemeinschaftswerk gepachteten Fabrikgrundstück errichtete diese Gesellschaft die Versuchsanlage. Die notwendigen Ingenieure, Beamten und Arbeiter usw. wurden den verschiedenen Gemeinschaftswerken entnommen, um auf diese Weise einen mit dem neuen Verfahren vertrauten Beamten- und Arbeiterstamm heranzubilden für die Zeit der praktischen Auswertung des Patentes in den Einzelwerken. —

In einem unserer größten deutschen Verbände, im A n i l i n - k o n z e r n, dessen Kern und Halt trotz aller Trustansätze ein Gewinnverteilungs-Kartell ist, finden wir die Idee der Versuchsgemeinschaft besonders stark ausgeprägt. Der durch die enge Bindung bedingte außerordentlich festgefügte Aufbau läßt dabei die Verhältnisse auf dem Gebiete des Erfahrungsaustausches, der gemeinsamen Versuche und Aufnahmen von Neuproduktionen sehr klar und deutlich hervortreten. Polthier stellt in der Entwicklung des Konzernes zwei Stadien scharf gegenüber, in denen Verfasser, wie schon angeführt, die Entwicklung unseres gesamten deutschen Kartellwesens in großen Zügen glaubt gekennzeichnet zu sehen:

[1] „ . . . . Die Form des Zusammenschlusses des Anilinkonzernes wurde Interessengemeinschaft genannt. Sie unterschied sich in ihren Zielen von dem in jener Zeit in Deutschland herrschenden Kartellsystem wenig. Wie dieses wollte auch die Interessengemeinschaft die Monopolstellung der Anilinfarbenindustrie auf dem Weltmarkt zur vollen privatwirtschaftlichen Entfaltung bringen, und zwar durch Erzielung kaufmännischer Vorteile. Produktionsfördernde Absichten traten in der Gemeinschaft in den Hintergrund. Jedoch durch den Ausgang des Krieges erwuchsen neue Aufgaben. Die Entwicklung drängte zu einem engeren Zusammenschluß als bisher. Dem alten Interessengemeinschaftsvertrage wurde ein wesentlich anderer Inhalt gegeben. Das ehemalige kaufmännische Ziel der Gemeinschaft ist dadurch produktionsfördernden Erwägungen untergeordnet worden. Es gilt jetzt, durch einen engeren horizontalen Zusammenschluß alle in der deutschen Anilinfarbenindustrie ruhenden Kräfte organisch zusammenzufassen und unter gegenseitigem Austausch aller Erfahrungen und sachgemäßer Einteilung der Fabrikation, unter schärfster Anspannung der wissenschaftlichen und technischen Arbeit die Intensität aller Werke in allen ihren Produktionszweigen auf die höchste ökonomische Wirkung zu bringen."

Sistermanns stellt in seiner eingehenden Untersuchung über den Anilinkonzern fest, daß „der [2] durch die Arbeitsvereinigung möglich gemachte Austausch der Erfahrung ungeheure Ersparnisse gegenüber dem früheren System zeitigt, indem man beispielsweise die Erörterung eines Problemes nunmehr in erweitertem Kreise vornehmen kann. Das Ergebnis ist eine große Ersparnis an Kapital, das sich neuen Problemen zuwenden kann, woraus sich als Endresultat eine bedeutende Intensivierung des technischen Fortschritts und eine automatische Vergrößerung des Abstandes zu der nacheilenden Konkurrenz des Auslandes ergibt . . . . Eine Maßnahme gleichen Charakters bedeutet die gemeinsame Durchführung von Neuproduktionen, wo

---

[1] Polthier: „Industrielle Kapitalerhöhungen in der Nachkriegszeit". Dissertation Köln 1921.

[2] Sistermanns: „Horinzontale und vertikale Interessengemeinschaften nach dem Kriege". Dissertation Köln 1921/22.

immer auch solche in der Zukunft hinzukommen mögen. Der Anfang damit ist bereits gemacht im gemeinsamen Ausbau der Werke
für die synthetische Stickstoffbereitung nach dem Haber-Bosch-
Verfahren in Oppau und Merseburg . . . ."

dd) Das Exportsyndikat.

Von Kartellmaßnahmen und Einrichtungen auf dem Gebiete
des A b s a t z e s zur Verbesserung und Verbilligung der Produktion
sei nur das Exportsyndikat zur Erörterung herausgegriffen, unter
Anführung der Hauptvertragsbestimmungen eines Exportsyndikates
am Ende des Abschnittes.

Die Frage der Syndizierung des Exportes steht in engstem Zusammenhang mit dem schon entwickelten Gedanken der notwendigen
Steigerung und der gleichzeitig notwendigen gesicherten und reibungslosen U n t e r b r i n g u n g unserer Ausfuhr. Dabei wurde festgestellt, daß eine volkswirtschaftlich wie privatwirtschaftlich günstige
Lösung der Frage weniger der vertikale als der horizontale Zusammenschluß gewährleistet. In der Literatur hat die Frage der Syndizierung der Ausfuhr weitgehende Behandlung gefunden. In der
Schrift: „Die Zukunft unseres Ueberseehandels" greift beispielsweise
Dr. W. K u n d t in die Debatte über die Exportpolitik unserer großen
Syndikate ein und geht von der nicht mehr zu beweisenden Behauptung aus, daß der Weltmarkt nicht sowohl dem Welt h a n d e l,
als vielmehr der o r g a n i s i e r t e n I n d u s t r i e gehört, die ihn
soweit es irgend möglich, auf eigene Faust zu „organisieren" habe
und zwar durch Schaffung von Exportvereinigungen, Ausfuhr-
syndikaten usw.

T s c h i e r s c h k y nimmt hierzu zustimmenderweise folgendermaßen Stellung: „Der[1] hier empfohlene Exportgedanke birgt
zweifellos einen durchaus gesunden Kern in sich. Er beruht auf
der Forderung der industriellen Organisation. Und gerade im Hinblick auf diese ganz gewiß wohl zu erwägenden Aufgaben wäre
zu wünschen, daß vor allem diejenigen Kreise unserer deutschen
Industrie zu brauchbaren Organisationen gelangten, die als Exportindustrien anzusehen sind."

---

[1] T s c h i e r s c h k y: „Die Organisation der industriellen Interessen in
Deutschland" S. 29.
vergl. ferner ders.: „Zur Reform der Industriekartelle" S. 92—96.

Die durch die Presse gehende Schilderung der einschlägigen Verhältnisse in der deutschen Steinsalz-Industrie möge die Bedeutung dieser Frage praktisch illustrieren:

„Das [1]) „Deutsche Steinsalz-Syndikat" ist als Neuorganisation aus der bis Ende des Jahres 1923 bestehenden „Salzausfuhr-Gesellschaft", die sich lediglich mit dem A u s l a n d s absatz deutschen Steinsalzes beschäftigte, und dem „Steinsalz-Syndikat G. m. b. H.", welches die Organisation für den I n l a n d s absatz darstellte, hervorgegangen. Der A u s l a n d s a b s a t z hat mit Jahresbeginn insofern eine Neuregelung erfahren, als nunmehr der E x p o r t l e d i g l i c h d u r c h d a s S y n - d i k a t bewirkt wird. Im Wettbewerb mit anderen salzerzeugenden Ländern ist es dem Syndikat gleichzeitig durch Uebernahme der Verfrachtung und Verschiffung in den See- und Binnenhäfen gelungen, direkte Kaufabschlüsse im Auslande zu tätigen, so daß der Auslandsabsatz eine günstige Entwicklung nehmen konnte. Dadurch, daß das Syndikat dazu übergegangen ist, die Verfrachtung auf den Wasserwegen und den Umschlag in den Seehäfen selbst zu übernehmen, war es möglich, dem W e t t b e w e r b auf dem Weltmarkte mit E r f o l g zu b e - g e g n e n und U n t e r b i e t u n g e n, die durch den bis dahin tätigen Zwischenhandel unvermeidlich waren und vielfach zu einer Störung des Auslandsmarktes führten, zu v e r m e i d e n. Unter diesen Umständen kann gegenüber anderen Meldungen betont werden, daß an eine Auflösung des „Deutschen Steinsalz-Syndikates" unter keinen Umständen gedacht wird, schon deshalb nicht, um im Ausland die angeknüpften Verbindungen weiter auszubauen und den ausländischen Importeuren eine wirklich l e i s t u n g s f ä h i g e und v e r h a n d - l u n g s k r ä f t i g e Gruppe gegenüberzustellen." —

Nachfolgende auszugsweise wiedergegebene Bestimmungen kennzeichnen die Hauptvertragspunkte eines Exportsyndikats. Sie geben zugleich ein Bild von der Entwicklung eines bisher lediglich den Inlandsabsatz syndizierenden Kartells zum Exportsyndikat in der schon erwähnten Glasindustrie:

Die vertragsschließenden Hütten, sämtlich dem Inlandssyndikat angehörend, übertragen den Verkauf ihrer Fabrikate für das Zollausland der Inlands-Syndikatsfirma mit dem Zusatz „A b t e i l u n g E x p o r t" unter nachstehenden Bestimmungen:

Die Vertragsschließenden verpflichten sich, weder direkt A n - g e b o t e an das Ausland zu machen, noch auf Anfragen für Lieferung in das Ausland Preise abzugeben.

Alle bei den Vertragschließenden aus dem Auslande oder für das Ausland eingehenden A n f r a g e n sind unverzüglich der gemeinsamen Verkaufsstelle einzusenden, die nach näherer Verständigung mit den

---

[1]) Deutsche Bergwerkszeitung Nr. 127 vom 27. Mai 1924.

Hütten bezüglich der Preise, Verkaufsbedingungen etc. die Erledigung vornimmt. Die Verkaufspreise und Bedingungen können auch allgemein zeitlich und bezirksweise im voraus festgesetzt werden.

Nach den festgesetzten Anteilziffern wird die Verteilung vorgenommen und am Schlusse eines jeden Monats den Hütten eine Aufstellung über den Eingang und die Verteilung der eingegangenen Bestellungen übermittelt.

Die Berechnung der Lieferungen an die Kundschaft erfolgt durch die gemeinsame Verkaufsstelle, der auch die Einziehung der Gelder obliegt. Ebenso ist auch die Ueberwachung der Kredite und der Erkundigungsdienst Sache der Verkaufsstelle.

Sollte seitens der Vereinigung ein Auftrag wegen eines zu niedrigen Preises nicht angenommen werden, so soll es jedem der Gesellschafter gestattet sein, diesen Auftrag für eigene Rechnung, und ohne daß ihm derselbe angerechnet wird, zu übernehmen.

Derartige Uebernahmen können jedoch nur durch Vermittlung und nach Vereinbarung mit der Geschäftsführung gemacht werden; es muß auch diese Menge allen Gesellschaftern zur Mitlieferung angeboten werden. Bei Unstimmigkeiten erfolgt die Zuteilung im Verhältnis der Beteiligung der einzelnen Hütten bei der Exportabteilung.

Jede der vertragsschließenden Hütten haftet für die allseitig ordnungsmäßige Ausführung der ihr zugeteilten Aufträge.

Verluste bei der Kundschaft werden von den Vertragsschließenden gemeinsam getragen und zwar im Verhältnis der von jeder Hütte gemachten Lieferungen.

Die Festsetzung der Hüttenpreise erfolgt nach Maßgabe der im Verkauf erzielten Preise abzüglich der Unkosten. Spätestens alle drei Monate ist eine Prüfung, und wenn erforderlich, eine Neufestsetzung vorzunehmen. Die Hüttenpreise sind für alle Gesellschafter gleich. [1])

b) Die Bedeutung der Kartellorganisation für die Durchführung der unmittelbaren Produktionsförderung.

Untersuchen wir die Institution des Kartells wie überhaupt die Einrichtung der ihm ähnlichen horizontalen Zusammenschlußformen auf ihre Eignung als Betätigungsfeld für die eben gezeichneten Maßnahmen unmittelbarer Produktionsförderung, so ist zu beobachten, daß zur Durchführung dieser Maßnahmen neuerdings in steigendem Maße ein mehr vertraglicher Zusammenschluß in Produktionsgemeinschaften, Syndikaten, Fertigungs- und Spezi-

---

[1]) Es folgen Bestimmungen zur Regelung der Verwaltungsfrage (Anstellung von Beamten und Vertretern, Einberufung der Gesellschaftsversammlungen .. usw.)

alisierungskartellen stattfindet, [1] nachdem diese Aufgaben in der Roh- und Halbstoffindustrie, wie auch in der weiterverarbeitenden Industrie bisher fast ausschließlich die engen, meistens zur Verschmelzung führenden, auf finanzieller Bindung beruhenden Zusammenschlüsse leisteten (Fusionen, horizontal aufgebaute Konzerne usw.).

Hingewiesen sei an dieser Stelle nur auf die Tatsache, daß man sich in mehreren Kartellen innerhalb der Rohstoff- und namentlich der Halbfabrikatindustrien, z. B. in der Eisen- und Textilindustrie, mit dem Gedanken der Durchführung einer Arbeitsteilung innerhalb der Kartelle trägt. So soll z. B. bei Walzwerkerzeugnissen eine Arbeitsteilung auf Grund der Profile, in der Spinnerei auf Grund der Garnnummern durchgeführt und auf dieser Basis dann eine Vertriebsgemeinschaft und sonstige produktionsverbilligenden Einrichtungen geschaffen werden.

In diesen auf vertraglicher Bindung beruhenden Zusammenschlüssen bleiben die beteiligten Werke in fabrikatorischer, finanzieller und verwaltungstechnischer Hinsicht zumeist selbständig und treffen nur über die Maßnahmen zur Durchführung der Spezialisierung, wie überhaupt der unmittelbaren Produktionsförderung Vereinbarungen.

Es können sich hierbei die konkreten Maßnahmen der Produktionspolitik je nach dem Grade der Festigkeit des Aufbaues, der vor allem in der zeitlichen Begrenzung des Zusammenschlusses zum Ausdruck kommt, in zwei Richtungen [2] bewegen: in Richtung einer grundsätzlichen, totalen Aenderung des bisherigen Systems der Produktion, oder in Richtung teilweiser Korrekturen des Erzeugungsprozesses.

Auf den letzten Weg dürfte wohl der größte Teil der industriellen Zusammenschlüsse verwiesen werden infolge Fehlens der Voraussetzungen für einen derartig festgefügten Zusammenschluß, der ohne Gefahr für die Beteiligten eine gänzliche Aenderung des bisherigen Systems gestattet, das durch seinen teilweisen amorphen, zusammenhanglosen Aufbau Anlaß zur Kritik bietet.

---

[1] Schulz-Mehrin: „Formen des Zusammenschlusses von Unternehmungen zwecks Verbesserung und Verbilligung der Produktion", S. 22.

[2] Vergl. Sistermanns: „Horizontale und vertikale Interessengemeinschaften nach dem Kriege". Dissertation Köln 1922.

Bisher war es so: Jeder kann produzieren was er will und wieviel er will. Jeder produziert alles, ja, er muß es, um womöglich den ganzen Bedarf seines Konsumenten decken zu können. Als Regulator dient ihm die Krise, die nur allzuoft sein ganzes Handwerkszeug zerschlägt. Als Endresultat ergibt sich: Ungeheure Kapitalverschwendung in Parallel-Arbeit und -Anlagen, von denen nur wenige voll ausgenutzt werden.

Ziel der Unternehmergemeinschaften ist es nun, auf dem Wege der unmittelbaren Produktionsförderung mehr als früher dieses amorphe System zu rationalisieren, durch Umwandlung entgegengesetzter sich gegenseitig verneinender Bestrebungen in gleichgerichtete, sich fördernde und aufbauende Interessen, konkret ausgedrückt durch die oben gezeichnete rationelle Verteilung der Produktionsaufgaben auf die einzelnen und zwar je nach Sachlage auf die am besten dafür geeigneten Unternehmungen.

Daß zur Erreichung dieses Zieles in steigendem Maße die Organisationsform der Kartelle, Syndikate usw. gewählt wird, ist darin begründet, daß Klein- und Mittelbetriebe, die von dem Unternehmer selbst geleitet werden, in denen also die unentbehrliche Unternehmer-Initiative erhalten bleibt, vor dem zentralistischen Großbetrieb mit seiner unvermeidlichen Bürokratisierung und weitgehenden Organisierung oft unleugbare Vorzüge haben, sofern sie nach einheitlichem Plan zusammenarbeiten. Sie eignen sich auf diese Weise die Vorzüge des Großbetriebes an, ohne dessen Schattenseiten zu übernehmen.

Ferner spricht dafür vor allem das natürliche Bestreben des Unternehmers, seine Selbständigkeit so weit wie möglich zu wahren, um nicht in den Strudel der das „Persönliche im Unternehmertum" ertötenden kapitalistischen Vertrustung hineingezogen zu werden.

Auf die Bedeutung gerade der Mittel- und Kleinindustrie im Rahmen der deutschen Gesamtindustrie und die Bedeutung der Kartelle als typische Zusammenschlußform für sie, durch die sie ihren Betrieb im weitesten Sinne des Wortes rationalisieren kann, wurde schon hingewiesen.

So scheint die alte Form der Kartellorganisation verknüpft mit den Ideen moderner Rationalisierung, die ihren Blick richtet

auch auf die veränderlichen Produktionskosten, deren Gestaltung in der Hand des Unternehmers liegt und nicht nur auf
die durch die Kaufkraft des Publikums meistens fixierten Markt-
preise, eine Gewähr zu bieten für die harmonische Vereinigung
der zwei sich scheinbar widersprechenden Forderungen, welche
die Zeit an die Industrie stellt:

Organische Verbindung der Werke einerseits, Erhaltung ihrer Individualität andererseits.

III. Kartelle als unmittelbare Produktionsförderer in der deutschen Maschinenbau-Industrie.

1. Bedeutung und Aufgabenkreis im allgemeinen.

Die systematische Zusammenstellung und die daran anschließende grundsätzliche Erörterung über die einem Kartell zur Verfügung stehenden Maßnahmen zur unmittelbaren Förderung der Produktion konnten im vorigen Abschnitt keineswegs erschöpfend sein. Es galt, durch Stichworte und Beispiele die Aufmerksamkeit auf die verschiedensten Gebiete zu lenken, auf die ein zum Zweck der Produktionsförderung gegründetes Kartell seine Wirksamkeit zu erstrecken vermag, und für den vorliegenden praktischen Teil der Arbeit Blickpunkte zu gewinnen, von denen aus eine kritische Stellungnahme vorgenommen werden kann.

Im Uebrigen gilt es auch hier, der Wirklichkeit ihre Geheimnisse abzulauschen und zu achten auf die vielen immer wieder neu hervorbrechenden Zweige am Baume des Wirtschaftslebens. An einem kleinen Ausschnitte der deutschen Maschinenbau-Industrie versucht dieses der vorliegende praktische Teil, indem er an einzelnen Kartellen aus diesem Industriezweige zeigt, wie weit die Wirtschaft selbst den Weg unmittelbarer Produktionsförderung im Rahmen der horizontalen Konzentrationsbewegung beschritten hat. Dabei ist nicht beabsichtigt, durch eine möglichst lückenlose und umfangreiche Aufstellung die Notwendigkeit der Produktionsförderung zu propagieren. Verfasser beschränkt sich auf die Zeichnung einiger weniger Zusammenschlüsse. Hierbei hat er sich besonders die Angabe möglichst vieler für den Wirtschaftstheoretiker wie vor allem für den Wirtschaftspraktiker bedeutungsvoller

Einzelheiten zur Aufgabe gemacht, wie Satzungen, Gesellschaftsverträgen, Exposés usw., welches Material der Uebersichtlichkeit halber nicht als Anlage nachgestellt, sondern in den Text eingeordnet wird. Mit der Darstellung der einzelnen Kartelle wird zugleich eine kritische Stellungnahme verbunden, um alles das herauszuheben, was verdient, als wertvolles aufbauendes Element unserer Industriewirtschaft der Gegenwart und Zukunft im Sinne einer Rationalisierung und im Rahmen des für den horizontalen Zusammenschluß abgesteckten Aufgabenkreises eingefügt zu werden.

Das weitgehende Entgegenkommen in der Ueberlassung des Materials zur wissenschaftlichen Bearbeitung macht es möglich, auch die theoretisch wie praktisch außerordentlich belangreiche Vorgeschichte zu den Zusammenschlüssen darzustellen. Es geben die Anfragen der Spitzenorganisation an verschiedene Fachverbände, die darauf einlaufenden Antworten, die Vertragsentwürfe und Exposés der zuständigen Verbandsleiter usw. ein Bild von den Schwierigkeiten und langwierigen Verhandlungen, welche den Zusammenschlüssen dieser Art fast immer voranzugehen pflegen. Dementsprechend wurden mir allerdings gewisse Schranken gezogen in der Verwendung des Aktenmaterials einzelner Verbände, sowie der vom Verein Deutscher Maschinenbau-Anstalten zur Einsicht überlassenen, nicht veröffentlichten Druckschriften, indem an die Einsichtnahme und Verwertung die Bedingung geknüpft wurde, Zahlen, sowie verschiedene direkte Firmen- und Branchenamen auszumerzen. Wo es die Anschaulichkeit wünschenswert erscheinen läßt, wurden anstelle der Originalnamen fingierte eingesetzt, sonst überhaupt ganz fortgelassen.

Die nachfolgenden Ausführungen, die dem Bericht über die am 30. Mai 1918 abgehaltene Hauptversammlung des VDMA entnommen sind, zeigen die außerordentliche Bedeutung, die in dem Vorhandensein dieser Zusammenfassung der gesamten deutschen Maschinenindustrie und aller ihrer Kartelle liegt, in Hinsicht gerade auf die in dieser Untersuchung behandelten Maßnahmen zur Rationalisierung unserer gesamten Volkswirtschaft.

Der damalige Vorsitzende Dr. Ing. e. h. K. Sorge äußerte sich über die Bedeutung und den Aufgabenkreis der Fachverbände folgendermaßen:

„Die Notwendigkeit, gemeinsame Interessen gemeinsam zu vertreten, bei aller Wahrung der Unabhängigkeit in Ausübung berechtigter Sonderinteressen, führt mich zur zweiten wesentlichen Aufgabe der Zukunft für den deutschen Maschinenbau und unseren Verein, das ist die Bildung der Fachverbände. Diese haben den Zweck, Sondergebiete der Maschinenindustrie zusammenzufassen und in freiwilliger Beschränkung auf Grund freiwilliger Vereinbarungen Unterlagen für die Vereinfachung und Verbilligung der Erzeugung, für die Vereinheitlichung von Konstruktionen, soweit möglich auch für die Preise, und vor allem für die Erleichterung der Ausfuhr zu schaffen und im Auslande den Wettkampf unter den deutschen Firmen nach Möglichkeit zu vermeiden und jedenfalls abzuschwächen . . . . Nur kurz hinweisen möchte ich an dieser Stelle auf die Frage der Normalisierung und sogenannten Typisierung-Arbeitsgebiete, die nur in enger Zusammenarbeit mit den Fachverbänden behandelt werden können."

Eine systematische Uebersicht über die Fachverbandsgruppen und ein Bild über das Entstehen und die Entwicklung von Zusammenschlüssen zum Zwecke unmittelbarer Förderung der Produktion im Jahre 1923 gibt der „Geschäftsbericht über das Jahr 1923".

Dem VDMA sind folgende 13 Fachverbandsgruppen angeschlossen:
1. Werkzeugmaschinen.
2. Textilmaschinen.
3. Landmaschinen und Geräte.
4. Lokomotiven.
5. Kraftmaschinen.
6. Arbeitsmaschinen.
7. Hütten-, Stahl- und Walzwerk-Anlagen und -Maschinen.
8. Mechanische Fördermittel (Krane, Aufzüge, Hebezeuge) und Waagen.
9. Maschinen für die Papierindustrie und das graphische Gewerbe.
10. Maschinen für die Nahrung-, Genußmittel- und chemische Industrie.
11. Zerkleinerungs- und Aufbereitungsmaschinen.
12. Sondermaschinen und Maschinenteile.
13. Apparate.

Neben den Fachverbänden, die meistens bestrebt sind, möglichst alle Unternehmungen des betreffenden Industriezweiges zusammenzufassen, sind die verschiedenen Formen der Zusammenschlüsse, Interessengemeinschaften, Fusionen oder dergleichen zu beachten, um durch engere Verbindung auch entsprechend weitergehende

Ziele zu erreichen. Für das Jahr 1923 sind uns 28 derartige Zusammenschlüsse, bei denen Maschinenfabriken beteiligt waren, bekannt geworden. 12 Zusammenschlüsse erfolgten zwischen Maschinenfabriken zwecks Austausch und Ergänzung des Fabrikationsprogrammes (S p e z i a l i s i e r u n g) sowie anderer Maßnahmen zur V e r b e s s e r u n g und V e r b i l l i g u n g   d e r   P r o d u k t i o n.

Erwähnenswert sind besonders solche Zusammenschlüsse von Maschinenfabriken untereinander, bei denen sich zwecks gemeinsamer Absatzwerbung eine Reihe von größeren und kleineren Firmen zusammengefunden haben, so daß sich ihre A r b e i t s g e b i e t e für einen bestimmten Abnehmerkreis möglichst weit e r g ä n z e n. Sie scheinen sich sowohl für den Inland- als auch den Auslandabsatz recht gut zu bewähren. Für die Abnehmerschaft ist offenbar der Gedanke von großer Bedeutung, daß sich nur gut arbeitende, angesehene Firmen mit gleichwertigen Erzeugnissen zusammenschließen werden. Auch sind beim Zusammenschluß manche Werbemaßnahmen möglich, die für die einzelne Firma zu teuer oder unlohnend sein würden. Für viele Zusammenschlüsse von Firmen der Maschinenindustrie wird unzweifelhaft die Arbeit der Fachverbände die Voraussetzung geschaffen haben.

Der Leiter der Fachverbandsabteilung des VDMA, Herr Dipl.Ing. S e c k, berichtete im Laufe des Jahres 1924 auf den Mitgliederversammlungen zahlreicher Fachverbände über „D i e   n e u e n A u f g a b e n   d e r   F a c h v e r b ä n d e   d e s   d e u t s c h e n   M a s c h i n e n b a u e s" [1]). Dipl.-Ing. Seck stellt und beantwortet dabei unter Anführung von Beispielen die Frage: Mit welchen Aufgaben befassen sich die Fachverbände des Maschinenbaues zur Zeit und welchen Aufgaben sollen sich diese Verbände widmen? Die Fachverbandsabteilung des VDMA besitzt hierzu umfangreiche Unterlagen, da in ihr alle Versammlungs- und Geschäftsberichte, sowie sonstige Mitteilungen über die einzelnen Fachverbände des deutschen Maschinenbaues zusammenlaufen.

Eine derartige Zusammenstellung ist, soweit Verfasser feststellen kann, in dieser mustergültigen systematischen Form zum erstenmale vorgenommen worden. Sie dürfte über die darin ins Auge genommene Maschinenbauindustrie hinaus der gesamten Industrie wertvolle Blickpunkte kartellpolitischen Vorgehens auf dem speziellen Gebiete direkter Produktionsförderung eröffnen.

Aus dem Vortrage sei nachfolgend nur die Stellungnahme Dipl.-Ing. Seck's zur Frage der Spezialisierung, der Produktions-

---

[1]) erschienen als Drucksache D F 16 des Vereins deutscher Maschinenbauanstalten. Zweite erweiterte Auflage, Oktober 1921.

und Patentgemeinschaft hinsichtlich der schon gezeitigten praktischen Ergebnisse auszugsweise wiedergegeben:

„Die Erfahrungen, die mit der S p e z i a l i s i e r u n g innerhalb verschiedener Verbände des Maschinenbaues gemacht wurden, sind so außerordentlich günstig, daß auf dieses Mittel der Verbilligung nicht dringend genug hingewiesen werden kann. Besonders geeignet für die Spezialisierung sind übrigens Reihen- und Massenerzeugnisse. Die Verständigung zwischen einzelnen Herstellerfirmen über die Spezialisierung von Erzeugnissen hat in zahlreichen Fällen zum Abschluß von Meistbegünstigungsverträgen geführt.

Die Verständigung innerhalb von Interessengemeinschaften in Form von P r o d u k t i o n s g e m e i n s c h a f t e n erstreckt sich entweder auf einen mehr oder weniger großen Kreis von Herstellerfirmen desselben Industriezweiges oder auf den ganzen Verband. Zur Zeit gibt es im Maschinenbau etwa 120 solcher Interessengemeinschaften, an denen etwa 400 Maschinenfabriken beteiligt sind. Sie können sich auf ganz bestimmte Erzeugnisse erstrecken (wie der bekannte Bohrwerks-Konzern) oder umfassen die gesamte Erzeugung der beteiligten Werke. Der Vorteil liegt vor allem in der Unkostenersparnis. Mehrfach sind solche Produktionsgemeinschaften zu Vertriebsgemeinschaften ausgebaut worden.

Eine sehr beachtenswerte Art der Vereinbarungen unter Verbandsmitgliedern stellen die sogenannten P a t e n t g e m e i n - s c h a f t e n , oder Patentaustausch-Vereinbarungen dar. Durch einen gegenseitigen Austausch von Patenten, d. h. durch die Verpflichtung der gegenseitigen Lizenzerteilung auf alle Patente, die Verbandsmitgliedern erteilt werden, sollen Patentstreitigkeiten zwischen den Mitgliedern vermieden werden. Die beteiligten Firmen gründen eine Gesellschaft, in die sie die fraglichen Patente einbringen. Die Gesellschaft schließt ihrerseits Verträge mit den einzelnen Mitgliedsfirmen, in denen die Kartellvereinbarungen, die Bestimmungen über die Lizenzen u. a. festgelegt werden [1]. — Die Vorteile der Patentgemeinschaften sind: Erleichterung und Verbilligung hinsichtlich der Erlangung von Patenten, vorteilhaftere Ausnützung der Patente zu Gunsten der ursprünglichen Patentinhaber,

---

[1] Näheres hierüber ist der Schrift von D r. H e r m a n n I s a y: „Die Patentgemeinschaft im Dienste des Kartellgedankens" (Verlag von Bensheimer, Mannheim 1923) zu entnehmen.

erleichterte Abwehr fremder Patentansprüche, Stärkung aller beteiligten Firmen durch die gegenseitige Patentverwertung, Erleichterung von fortschrittlichen Arbeiten der beteiligten Firmen. — Patentgemeinschaften sind ein neuer Weg der Verständigung im Wettbewerb stehender Unternehmer, der für diejenigen Fertigindustrien, in denen das Patentwesen eine Rolle spielt, von erheblicher Bedeutung werden kann. — Hingewiesen sei dazu auf die großen Vorbilder der elektrotechnischen und chemischen Industrie."

2. Aufgabenkreis im besonderen.

a) Gemeinschaft deutscher A-Maschinenfabriken G. m. b. H.

Dargestellt durch einen Bericht der Zentralstelle der Gemeinschaft.

In der „Gemeinschaft deutscher A-Maschinenfabriken" hat sich die Mehrzahl der in der A-Maschinenbranche vorhandenen Werke auf vertraglicher Grundlage zu einem Spezialisierungskartell zusammengeschlossen.

Bei dem unten angeführten Schreiben (I) auf Seite 47 handelt es sich um die Anfrage der „Verbandsgeschäftsstelle X" an die Zentralstelle der „Gemeinschaft deutscher A-Maschinenfabriken G. m. b. H." über die mit diesem Zusammenschluß gemachten Erfahrungen. Außerordentlich belangreich ist in diesem Schreiben für den Wirtschaftstheoretiker die darin zum Ausdruck kommende Durchdrungenheit der Industrie von der Notwendigkeit, Mittel und Wege zu finden, um den Produktions- und Absatzprozeß zu rationalisieren und zwar durch geeigneten Ausbau der gezeichneten industriellen Zusammenschlußformen, die in dem Schreiben als „theoretisch richtige Fortentwicklung der Industrie-Organisationen" bezeichnet werden; ferner das b e w u ß t e Hineinstellen dieser Organisationen in den Dienst einer Produktivitätssteigerung der gesamten deutschen Volkswirtschaft: „Alle diese engeren Zusammenschlüsse liegen nicht nur im Interesse der betreffenden Werke, s o n d e r n a u c h i m a l l g e m e i n e n I n t e r e s s e d e r d e u t - s c h e n W i r t s c h a f t . . . ."

Die Antwort (II) der Zentralstelle gibt Aufschluß über Aufbau, Ziele und Maßnahmen des Kartells.

I.

Verbandsgeschäftsstelle X

an die

Gemeinschaft deutscher A-Maschinenfabriken G. m. b. H.

Eine Gruppe unseres Verbandes, die Hersteller von F-Maschinen, deren 10 Werke räumlich ebenso zusammenliegen, wie die Ihrer Gemeinschaft angeschlossenen Fabriken, plant die Bildung eines engeren Zusammenschlusses in Form einer G. m. b. H. oder einer Aktiengesellschaft.

Wir bitten Sie, uns zur Förderung unseres Vorhabens gütigst einige Angaben auf Grund Ihrer Erfahrungen machen zu wollen.

Wir möchten, wenn irgend möglich, von Ihnen wissen:

1. Welches waren die Gründe Ihres Zusammenschlusses und welches Ziel haben Sie sich damit gesteckt?

2. Hat es langer Beratungen und vieler Zusammenkünfte bedurft, um ans Ziel zu gelangen?

3. Sind die Erwartungen, die Sie an den Zusammenschluß geknüpft haben, erfüllt oder gar übertroffen worden?

4. Nach welchem Verfahren haben Sie die Festsetzung der Quoten vorgenommen?

5. Mit welchen Maßnahmen erreichen Sie, daß das einzelne Werk seine Entwicklungsmöglichkeit behält?

Alle diese engeren Zusammenschlüsse liegen nicht nur im Interesse der betreffenden Werke, sondern auch im allgemeinen Interesse der deutschen Wirtschaft, weil mit der Vereinfachung des Einkauf-, Herstellungs- und Vertriebsverfahrens (oder auch nur eines dieser Teile) die Gestehungskosten geringer werden. Die Leistungsfähigkeit der betreffenden Industrie, insbesondere gegenüber der Konkurrenz auf dem Weltmarkte, wird dadurch gehoben, und nur durch Verbesserung unserer Handelsbilanz kann die deutsche Wirtschaft wieder gesunden.

Aus dieser Erwägung heraus bitten wir um Ihre weitgehende Unterstützung bei unserem Vorhaben. Wir bitten Sie auch, es uns unumwunden zu sagen, wenn bei Ihrem Zusammenschluß nach Ihrer heutigen Erfahrung Fehler vorgekommen sein sollten, bezw. wenn sich diese theoretisch richtige Fortentwicklung der Industrie-Organisationen praktisch nicht bewährt haben sollte, oder wenn Sie es für erforderlich halten, vor bestimmten Mißgriffen zu warnen.

II.

Zu obigen 5 Fragen der „Verbandsgeschäftsstelle X" nimmt die **„Zentralstelle der Gemeinschaft deutscher A-Maschinenfabriken G. m. b. H."** folgendermaßen Stellung:

Zu 1. Unser Zusammenschluß umfaßt 8 Firmen, die sich auf die Herstellung bestimmter in der A-Industrie benötigter Maschinen s p e - z i a l i s i e r t haben. Diese Spezialisierung ist so durchgeführt, daß die 8 Firmen sich in A-Maschinen k e i n e r l e i K o n k u r r e n z machen. Jede der 8 Firmen kann die Erzeugnisse der anderen Firmen mit anbieten, ist also in der Lage, einem Werk der A-Industrie eine v o l l s t ä n d i g e Einrichtung zu liefern; zwangsläufig hat diese Vereinbarung dazu geführt, daß man sich a u f b e s t i m m t e V e r t r e t e r g e e i n i g t hat, so daß diese Vertreter für a l l e Firmen tätig sind und dadurch an Vertreterspesen größere Ersparnisse erzielt werden. Auch die R e k l a m e erfolgt von einer g e m e i n s a m e n S t e l l e aus, und die Belastung der einzelnen Firmen ist nicht so groß, wie wenn jede Firma getrennt Reklame machen würde.

Zu 2. Der Zusammenschluß erfolgte zuerst unter 5 Firmen, bei denen sich im Konkurrenzkampf das Bedürfnis nach Spezialisierung am stärksten bemerkbar machte; später sind weitere 3 Firmen beigetreten, die durch ihre Erzeugnisse eine Vervollständigung des Fabrikations- bezw. Verkaufsprogramms boten.

Zu 3. Die Erwartungen, die wir an diesen Zusammenschluß geknüpft haben, sind erfüllt worden. Eine noch s t ä r k e r e W i r k u n g d e s Z u s a m m e n s c h l u s s e s wird erwartet d u r c h eine T y p i s i e r u n g auf noch anderen Gebieten und vor allem durch eine noch w e i t e r e Z u s a m m e n l e g u n g d e r V e r t r e t e r - O r g a n i s a t i o n e n.

Zu 4. Q u o t e n b e s t e h e n für die einzelnen Firmen n i c h t, da die einzelnen Firmen ja, wie oben näher angeführt, nicht Maschinen bauen, die sich gegenseitig ersetzen können, sondern nur Maschinen bauen, die sich gegenseitig ergänzen, also zur Aufstellung ganzer Fabrik-Anlagen benötigt werden.

Zu 5. Die freie Entwicklungsmöglichkeit bei den einzelnen Firmen liegt in erster Linie in der Verbesserung und Vereinfachung der spezialisierten Erzeugnisse und in der Verbilligung der Herstellungspreise der einzelnen Typen.

Unser Zusammenschluß ist in der Form eines G e g e n s e i t i g - k e i t s v e r t r a g e s erfolgt und nicht in Form einer G. m. b. H. oder einer A.-G. J e d e F i r m a v e r k a u f t i h r e E r z e u g n i s s e s e l b s t und da, wo die Erzeugnisse der anderen Firmen mit verkauft werden können, auch diese. Es dürfte deshalb die Form unseres Zusammenschlusses nicht auf Ihre Gruppe der Erzeuger von F-Maschinen ohne weiteres anwendbar sein. Während z. B. bei uns das eine Werk nur X-Maschinen herstellt, baut ein anderes Werk nur Y-Maschinen und wieder ein anderes nur Z-Maschinen. Die von Ihnen erwähnte Gruppe besteht jedoch nur aus Herstellern von F-Maschinen, und es könnte eine Spezialisierung wie bei uns, soweit wir es beurteilen können, wohl nicht durchgeführt werden. Unseres Erachtens könnten Sie nur Erfolg erzielen durch Errichtung einer gemeinsamen Verkaufsstelle, von der aus die eingehenden Aufträge zur Verteilung gelangen müßten und wäre eine Quotisierung der 10 Werke nach ihrer Leistungsfähigkeit oder nach ihrem bisherigen Absatz unumgänglich.

b) Gemeinschaft deutscher B-Maschinenfabriken G. m. b. H.

Dargestellt durch einen Bericht:

I. der Zentralstelle der Gemeinschaft,

II. einer der Gemeinschaft angeschlossenen B-Maschinenfabrik.

Unter der Ueberschrift „Bildung eines Fertigungskartells mit Verkaufsgemeinschaft innerhalb der Maschinenindustrie" nahm eine größere deutsche Tageszeitung zur Gründung der „Gemeinschaft deutscher B-Maschinenfabriken" im Jahre 1921 folgendermaßen Stellung:

„Sieben B-Maschinenfabriken schlossen sich unter der Firma „Gemeinschaft deutscher B-Maschinenfabriken" zusammen. Der Umstand, daß es einer einzelnen Fabrik nicht mehr möglich ist, die große Zahl der für die B-Industrie in Betracht kommenden Maschinen rationell und erstklassig zu bauen, sowie die Erkenntnis, daß nur in der richtigen Spezialisierung die Zukunft der Industrie liegt, waren die Haupttriebfedern dieses Zusammenschlusses."

Mit der auf Seite 47 zur Abschrift gebrachten Anfrage der „Verbandsgeschäftsstelle X" an die „Gemeinschaft deutscher A-Maschinenfabriken" wandte sich die Verbandsgeschäftsstelle ebenfalls an die Zentralstelle der „Gemeinschaft deutscher B-Maschinenfabriken" sowie noch an eine dieser Gemeinschaft angeschlossene B-Maschinenfabrik, an die Firma (A. Müller [1])).

---

[1] Die Klammer umschließt einen fingierten vom Verfasser anstelle der Originalbezeichnung eingesetzten Firmennamen.

In dem nachstehenden zur Abschrift gebrachten Antwortschreiben (I) nimmt die Zentralstelle der Gemeinschaft zur Anfrage der „Verbandsgeschäftsstelle X“ Stellung.

Die Ausführungen der Firma (A. Müller) (II) auf Seite 51/52 zeigen uns das Fertigungskartell in der Beleuchtung des Gemeinschaftswerkes.

I.

Zu den 5 Fragen der „Verbandsgeschäftsstelle X“ auf Seite 47 nimmt die **Zentralstelle der „Gemeinschaft deutscher B-Maschinenfabriken“** folgendermaßen Stellung:

Zu 1. Die in unserer Gemeinschaft zusammengeschlossenen 7 B-Maschinen-Spezialfabriken fabrizieren jede einzelne für sich ihre Spezialmaschinen für die B-Industrie. So erzeugt jede Firma nur ihre für die B-Industrie erforderlichen Spezialkonstruktionen. Es werden also von keiner unserer 7 Gesellschafter-Firmen etwa gleiche Konstruktionen wie von einer anderen hergestellt. In den Fällen, wo noch einzelne Typen von 2 oder gar 3 Firmen gleichzeitig gebaut wurden, ist bei unserem Zusammenschluß eine Verständigung erzielt worden. Der Grund unseres Zusammenschlusses war: alle für die B-Industrie erforderlichen Maschinen aus einer Hand beziehen zu können.

Zu 2. Es hat wohl einiger Beratungen und einiger Zusammenkünfte bedurft, um das uns gesteckte Ziel zu erreichen. Indes sind diese Verhandlungen ohne Schwierigkeiten verlaufen und haben zu einem baldigen Einverständnis geführt.

Zu 3. Nach den bis jetzt gemachten Erfahrungen haben sich die in unseren Zusammenschluß gesetzten Erwartungen durchaus erfüllt. Es ist den Kunden entschieden angenehmer, bei der Verschiedenartigkeit der von ihnen benötigten Maschinen es nur mit einer Firma zu tun zu haben. Dieser Umstand fällt insbesondere bei den Exportgeschäften ins Gewicht.

Zu 4. Die Beteiligungs-Quoten sind für alle 7 Firmen die gleich hohen, ebenso auch die Gewinn-Quoten. Auf letztere sind keine so großen Aussichten gestellt, weil unsere Gemeinschaft nicht etwa als eine Erwerbsgesellschaft, sondern lediglich als ein Verkaufsapparat für unsere 7 Firmen funktioniert. Unsere Gesellschafterfirmen liefern direkt ab Werk an die einzelnen Kunden, die Fakturierung der Maschinen erfolgt an uns, je nach den veränderlichen Rabattsätzen, aus welchen die Gemeinschaft alle Verkaufsunkosten bestreitet. Jedenfalls nehmen unsere Gesellschafterfirmen ihren Verdienst aus ihren Lieferungen an die Gemeinschaft schon vorweg, der Gemeinschaft als solcher verbleibt eben nur ein geringer Prozentsatz als Umlage für ihre Unkosten (Gehälter, Miete der Geschäftsräume, Reklame, Reisen, Vertreter-Provisionen etc. etc.).

Zu 5. Auf Grund der in Vorstehendem erläuterten Richtlinien bleibt jedem unserer 7 Werke eine f r e i e Entwicklungsmöglichkeit.

Im großen Ganzen können wir dem Inhalt Ihrer weiteren Ausführungen nur vollkommen beipflichten. Wir selbst haben erfahren, daß durch einen Zusammenschluß eine viel wirksamere Vertretung nach außen hin den einzelnen Firmen gewährleistet ist. Andererseits wieder ist eine bedeutende Entlastung für die einzelnen Werke dadurch herbeigeführt, daß dieselben mit dem Verkauf nichts mehr zu tun haben und sich lediglich ihrer Fabrikation zu widmen brauchen.

II.

Die der Gemeinschaft angehörende **B-Maschinenfabrik (A. Müller)** äußert sich zur Anfrage der „Verbandsgeschäftsstelle X" über die gewonnenen Erfahrungen folgendermaßen:

Die Erfahrungen, die wir bis jetzt mit unserer Verkaufszentrale gemacht haben, sind im allgemeinen zufriedenstellend, aber wer zu große Erwartungen in diese Vertriebsorganisation gesetzt hat, der wurde auch teilweise enttäuscht, denn es hängt bei einer solchen Organisation sehr viel von den Leitern derselben ab, und es ist wenigstens in unserer Branche außerordentlich schwierig, tüchtige Leute zu bekommen, welche die B-Maschinenbranche sowohl als die B-Industrie von Grund aus kennen, nebenher auch noch Sprachkenntnisse besitzen und ein gewisses Organisationstalent. Der Erfolg einer solchen Vertriebsgesellschaft hängt zum großen Teil von einer geeigneten leitenden Persönlichkeit ab. Wir haben daher die Erfahrung machen müssen, daß ein großer Teil unserer Kunden vorzieht, mit den einzelnen Lieferwerken direkt zu verkehren, anstatt über die Verkaufszentrale, die ja unmöglich über alle Fragen vollkommen orientiert sein kann, und daher hat sich die Hoffnung, daß die Korrespondenz der Einzelwerke wesentlich vereinfacht werden würde, nicht erfüllt. Es gehen daher mindestens 50 % der Aufträge auch heute noch nach 2 jährigem Bestehen unserer Verkaufs-Zentrale immer den einzelnen Lieferwerken direkt zu.

Auch haben wir öfters die Erfahrung gemacht, daß manche Firmen Maschinen, deren Bau wir zu Gunsten eines der anderen Lieferwerke aufgegeben haben, absolut von uns geliefert haben wollen, weil sie behaupten, die Maschinen des anderen Lieferwerkes würden sie nicht in demselben Maße befriedigen.

Während der Hochkonjunktur waren die einzelnen Lieferwerke reichlich mit Aufträgen versehen, und dies wäre wahrscheinlich auch ohne den Zusammenschluß der Fall gewesen, und jetzt, nachdem ein Rückschlag eingetreten ist, ist auch die Verkaufs-Zentrale nicht in der Lage, die Lieferwerke mit genügenden Aufträgen zu versehen, sondern dieselben müssen sich nun trotz der Verkaufsgesellschaft selbst bemühen, Aufträge hereinzubekommen.

Ferner darf nicht unberücksichtigt bleiben, daß eine solche V e r - k a u f s z e n t r a l e r e c h t g r o ß e K o s t e n m i t s i c h b r i n g t , nicht nur durch die bedeutenden Summen, die an Gehältern verausgabt werden, sondern auch durch Ausstellungs-Büroräume und was alles damit zusammenhängt, und daß die Lieferwerke für ihre Fabrikate nie mehr den vollen Preis erzielen, sondern es geht von jeder Lieferung der Rabattsatz, der der Verkaufszentrale eingeräumt wird, ab.

Auch die A u f g a b e e i n e s g r o ß e n T e i l s d e r S e l b - s t ä n d i g k e i t ist zu berücksichtigen. Der Einzelne kann nicht mehr, wie er will, und Durchbrechungen der getroffenen Vereinbarungen werden auch trotz strengster Bestimmungen nie ganz zu vermeiden sein. Im allgemeinen arbeiten die 7 Firmen der Gemeinschaft in angenehmer und loyaler Weise zusammen.

Sie ersehen also aus dem Vorstehenden, daß ungefähr ebensoviele Gründe gegen den Zusammenschluß mit anderen Fabriken sprechen, wie es solche für einen Zusammenschluß gibt. Bei der B-Maschinen-branche sprechen vielleicht deshalb mehr Gründe f ü r einen Zusammenschluß, weil dies eine sehr komplizierte Branche ist, denn zu einer wirklich gut eingerichteten modernen B-Fabrik sind ungefähr 250—300 verschiedene Maschinen notwendig, u n d e s i s t g a r k e i n e e i n z e l n e M a s c h i n e n f a b r i k i n d e r L a g e , a l l e d i e s e v e r s c h i e - d e n e n M a s c h i n e n s e l b s t z u b a u e n . Es kann daher keine einzelne Maschinenfabrik, ohne dazu Maschinen von anderer Seite zu beziehen, eine komplette B-Fabrik einrichten; nur eine amerikanische Fabrik, die sich in Deutschland niedergelassen hat, war hierzu in der Lage und daher eine ganz besonders scharfe Konkurrenz für die deutschen B-Maschinenfabriken. Unser Zusammenschluß in der Gemeinschaft sollte nach und nach eine ähnliche Leistungsfähigkeit erreichen, um den Amerikanern mit Erfolg entgegentreten zu können. Dieses Bestreben hat hauptsächlich unseren Zusammenschluß in der Gemeinschaft herbeigeführt. Die Entwicklung eines solchen Unternehmens nimmt natürlich Zeit in Anspruch, aber nach unseren Erfahrungen darf man auch nicht allzugroße Hoffnungen darein setzen, denn es geht eben manches anders, als man es gern haben möchte, weil man auf zu viel andere Leute angewiesen ist.

An sich ist schon die Gegenüberstellung dieser beiden Antworten auf dieselbe Anfrage belangreich. Der Wert für die wissenschaftliche Untersuchung liegt vor allem darin, die Schattenseiten und Schwierigkeiten dieser Zusammenschlüsse nunmehr an einem konkreten Beispiel kennen zu lernen.

Den im Schreiben II die Gemeinschaft teilweise mehr ablehnenden als ihr zustimmenden Standpunkt der Firma (A. Müller) glaubt Verfasser auf Gründe mehr personeller als sachlicher Natur zurückführen zu dürfen, dabei die Bedeutung gerade der Personenfrage bei derartigen Zusammenschlüssen keineswegs verkennend [1]).

Darf doch ohne weiteres eine Bejahung der zu diesen Zusammenschlüssen führenden Grundidee in dem Satz erblickt werden: „Bei der B-Maschinenbranche sprechen deshalb mehr Gründe f ü r einen Zusammenschluß, weil dies eine sehr komplizierte Branche ist, denn zu einer wirklich gut eingerichteten, modernen B-Fabrik sind ungefähr 250—300 verschiedene Maschinen notwendig, und es ist gar keine einzelne Maschinenfabrik in der Lage, alle diese verschiedenen Maschinen selbst zu bauen".

Nicht der Zusammenschluß an sich, das Organisations p r i n zip, sondern die Zusammenschluß f o r m, die in einigen Punkten nicht ganz glücklich gewählt zu sein scheint und sich in diesen für die Firma (A. Müller) als nicht bequem erweist, ist die Veranlassung zur teilweisen ablehnenden Stellungnahme.

Auf jeden Fall dürften die in dem Schreiben zur Sprache gekommenen Schwierigkeiten dem Wirtschaftstheoretiker wieder einmal zeigen, daß die Wirtschaft sich nicht einfach in konstruierte Organisationsformen einzwängen läßt, daß mit dem Vorhandensein der durch ihre geradezu grandiose Kompliziertheit bedingten realen Gegebenheiten gerechnet werden muß, will man sich nicht in theoretischen, für das praktische Wirtschaftsleben unfruchtbaren Konstruktionen verlieren und damit die Parole: horizontale Organisation! zum Schlagwort ohne praktischen Inhalt stempeln.

---

[1]) T s c h i e r s c h k y: „Zur Reform der Industriekartelle", S. 89. „Die w i c h t i g s t e, im praktischen Einzelfalle vermutlich die z a c k i g s t e Klippe dieser Organisationen (Produktionskartelle) bildet die Bestellung einer tüchtigen, notwendigerweise mit weitgehenden Vollmachten auszustattenden Z e n t r a l l e i t u n g".

c) Verkaufszentrale deutscher C-Maschinen-fabriken.

Dargestellt auf Grund eines Exposés, verfaßt von einem Vorstandsmitgliede eines Fachverbandes des VDMA.

Das nachfolgend zur Abschrift gebrachte Exposé, in welchem auf Grund der Stellung seines Verfassers die in verschiedenen industriellen Zusammenschlüssen gemachten Erfahrungen niedergelegt sind, diente als Verhandlungsunterlage für die Gründung der „Verkaufszentrale Deutscher C-Maschinenfabriken".

Der Verfasser will in ihm, „um die Vorzüge der Verkaufs-Zentrale recht augenscheinlich zu gestalten, die Untersuchung der in Frage kommenden Gründe in der Weise vornehmen, daß wir die einzelnen Stufen der Kartellierung (Konditionen-, Qualitäts-, Preis-, Kundenschutzkartell) und ihre Ziele betrachten und dabei feststellen, welche der sich ergebenden Mißstände durch die Weiterentwicklung zur Verkaufs-Zentrale behoben werden".

Verfasser kommt dabei zu dem Ergebnis, „daß die Entwicklung sich in Richtung auf die Verkaufszentrale als Interessenvertretung für gleichartige Firmen bewegen muß", darüber hinaus aber als „Vorbedingung für gute Erfolge unter allen Umständen die möglichst beschleunigte Durchführung der Normalisierung, Typisierung und Spezialisierung" notwendig ist, d. h. mit zwingender Notwendigkeit weist die industrielle Praxis selbst den Kartellen den Weg: privat- wie volkswirtschaftlich erfüllt ein Kartell seinen Zweck dann am besten, wenn es über die Maßnahmen lediglich mittelbarer Produktionsförderung (Konditionen-, Preis-, Qualitätsfestsetzung) hinaus unmittelbar die Produktion fördert, indem es zunächst den angeschlossenen Firmen die Tauschfunktionen völlig nimmt und sie auf das Fabrikationsgebiet beschränkt (Verkaufs-Zentrale), sodann aber auf dem Gebiete der Fabrikation eine Spezialisierung, Typisierung und Normalisierung durchführt. Eine große Schattenseite des lediglich zur Preisfestsetzung gegründeten Kartells fällt damit fort: kein Feilschen mehr um die Quote, das „Wieviel", sondern eine viel leichtere Verständigung über das „Was" der Produktion.

Im zweiten Teil des Exposés wird in Form eines Vorschlages, d. h. in der Form eines allgemein gefaßten Syndikatsvertrages das Wesen der Verkaufszentrale skizziert, wobei für die Wahl der bei diesen Zusammenschlüssen ungewöhnlichen A.-G.-Form, wie mir der Verfasser mitteilte, Gründe steuerlicher und allgemeinwirtschaftlicher Art maßgebend waren.

Mit der Frage der Durchführung der Spezialisierung setzt sich Verfasser im Nachtrag des Exposés (Seite 63/65) auseinander. Die im Zusammenhang hiermit erörterte Möglichkeit, „daß bei zufriedenstellenden Ergebnissen des Systems sich vielleicht über kurz oder lang die Frage der teilweisen Zusammenlegung der Betriebe als diskutierbar erweisen wird", erinnert lebhaft an die dahinzielenden Forderungen Rathenaus und seiner Epigonen. Während jedoch die Planwirtschaftler diesem Ziele — im Eiltempo — näher zu kommen glaubten auf dem Wege des Dekrets „von oben her" und dabei die schon vorhandenen wertvollen industriellen Organisationen übersahen, sehen wir hier, wie die Wirtschaft selbst auf dem Wege dazu ist, allerdings nur Schritt für Schritt, der vielbegehrten, vielgepriesenen, viel umkämpften und vor allem viel mißverstandenen „Planwirtschaft" näherzukommen.

Exposé.

Erster Teil.

Vom kaufmännischen Gesichtspunkte aus betrachtet, leben wir im Zeitalter der Koalition, für deren Notwendigkeit im Einzelfalle eine ganze Reihe von Gründen angeführt werden kann. Unter den mannigfaltigen Formen, in denen eine Koalition zwischen Firmen mit gleichen oder ähnlichen Interessen zustande kommen kann, interessiert uns heute nur die der Verkaufszentrale für eine bestimmte Warengattung. Die Erkenntnis, daß die Errichtung einer V.-Z. (wie wir die Verkaufszentrale der Einfachheit halber in Nachstehendem nennen wollen), von Vorteil ist, kann sich entwickelt haben, einmal, ohne daß die in Frage kommenden Firmen bereits in irgend einer Form verbunden waren, sie kann aber auch eine Folgeerscheinung sämtlicher Vorstufen der Kartellierung dieser Firmen sein. Gleichviel, daß die V.-Z. eine Lebensnotwendigkeit für die Riesenanzahl von Firmen jeder Branche ist, beweist sich bereits rein äußerlich dadurch, daß eine Unzahl von Verkaufszentralen in den verschiedenartigsten Formen bestehen, was augenscheinlich wird, wenn man sich die Mühe macht, einmal nur das

Telefonbuch von Groß-Berlin unter dem Buchstaben „V" Vereinigte . . .
Verkaufsgemeinschaft . . . usw. nachzuschlagen. Eine endlose Reihe
derartiger Vereinigungen steht dort vor uns. Alle diese Sammel-Unternehmungen huldigen einem Grundsatz, nämlich:

Verringerung der Unkosten bei größerem Erfolg, als dies der

Einzelfirma möglich ist,

wenn auch, wie aus der Verschiedenartigkeit der Unternehmungsformen
(Vertretung, Aktiengesellschaft, G. m. b. H., Genossenschaft usw.) hervorgeht, im einzelnen nicht gerade immer dieselben Beweggründe den
Entschluß zur Zusammenfassung der Verkaufstätigkeit haben reifen
lassen. Tatsache ist, daß die Verkaufszentrale heute in weiten Fabrikationskreisen eine allgemein anerkannte Notwendigkeit geworden ist.
Wenn auch, wie schon oben erwähnt, viele Firmen, die bisher in
keinerlei Zusammenhang gestanden haben, sämtliche Vorstufen der Kartellierung überspringen und direkt zur Errichtung einer V.-Z. schritten,
so wollen wir doch, um die Vorzüge der V.-Z. recht augenscheinlich zu gestalten, die Untersuchung der in Betracht
kommenden Gründe in der Weise vornehmen, daß wir die einzelnen
Stufen der Kartellierung und ihre Ziele betrachten und
dabei feststellen, welche der sich ergebenden Mißstände durch die
Weiterentwicklung zur V.-Z. behoben werden.

Die einfachste Form des Kartells, das sogenannte **Conditionskartell**,
befaßt sich damit, die mit den Kunden bisher im einzelnen vereinbarten Konditionen, wie Zahlungsfrist, Valutierung der Fakturen, Skonto,
Rabatt, Lieferung usw., auf eine bestimmte Norm zu bringen, wobei
die Mitglieder sich auf die Gefahr hin, Konventionalstrafe zu erleiden, verpflichten müssen, jeweils nur die normierten Bedingungen in Anwendung
zu bringen. Selbst, wenn man annimmt, daß nach Einführung der
Normal-Conditionen nur diese in Anwendung gebracht werden und
somit in diesem Punkt eine einheitliche Behandlung der Kunden gewährleistet wird, besteht der Konkurrenzkampf auf allen anderen Gebieten, wie Preis, Qualität usw., ungehemmt fort. Eine Schädigung
der bei sämtlichen beteiligten Firmen auf dasselbe Ziel hinsteuernden
Interessen ist unvermeidlich. Jedoch lehrt die Erfahrung, daß derartige
Kartellverträge meistens nur auf dem Papier stehen, da sich in der
Praxis tausend Wege zur Umgehung der getroffenen Vereinbarungen
finden lassen. Es wird die Handhabung der normierten Bedingungen
stets so lange bis zu einem gewissen Grade unkontrollierbar bleiben,
bis bei Errichtung der V.-Z. die Möglichkeit der gegenseitigen Uebervorteilung auf diesem Gebiet vollkommen behoben ist. Um nur einen
Beispielsfall anzuführen, sei bemerkt, daß bei größeren Abschlüssen, auf
die Teillieferungen, Teilrechnungen mit Zahlungsbedingungen laut Kartellvertrag zu machen sind, eine Umgehung sich dadurch bequem durch-

führen läßt, daß die Fakturen der Teillieferungen einfach nachdatiert werden, sodaß die Zahlungen wohl genau nach Verbandsvorschrift, jedoch in Wirklichkeit viel später erfolgen. Ob gerade dieses Beispiel bei der geplanten Vereinigung möglich wäre, entzieht sich meiner Kenntnis, da die inneren Verhältnisse des Verbandes und die Art der Lieferungen (d. h. ob es sich um derartige größere Abschlüsse handelt) mir unbekannt sind. Jedoch werden sich sicher alsdann andere Mittel und Wege finden lassen, durch die einzelne der Mitglieder in die Lage versetzt werden, die anderen im Konkurrenzkampf zu schädigen. Besteht dagegen eine V.-Z., so ist der ganze häßliche Konkurrenzkampf von allein vollkommen ausgeschlossen.

Im **Qualitäts-Kartell,** dessen Hauptzweck Normierung, Typisierung und Spezialisierung ist, welche Arbeiten die Vorstufen für die Errichtung einheitlicher Preisabstufungen zum Zwecke der Ausschaltung des Konkurrenzkampfes und zur Verminderung der Unkosten sein sollen, werden beide Ziele auch nur dann erreicht, wenn die gesamte Verkaufstätigkeit in einer Hand liegt. Die noch so sorgfältige Ausführung der oben genannten Arbeiten läßt nach wie vor die Möglichkeit der Hintergehung vereinbarter Bedingungen in derselben Weise wie im Conditions-Kartell offen.

Das **Preis-Kartell** bindet die Mitglieder an gewisse Mindestpreise, die nach dem Inland und Ausland unter allen Umständen eingehalten werden müssen. Hierzu gilt sinngemäß das für das Conditions-Kartell bereits Gesagte. Nur wenn in einer V.-Z. der Verkauf sämtlicher Fabrikate in denselben Händen liegt, ist die Gewähr für Einhaltung des festgesetzten Preises gegeben. Ergibt die Geschäftslage im Einzelfalle die Notwendigkeit, die Preise variieren zu lassen, so sind sämtliche Firmen an dem Manko bezw. Mehrerlös beteiligt, so daß eine Uebervorteilung des Einzelnen durchaus nicht möglich ist.

In der nächsten Form, in dem **Kartell zum Kundenschutz,** bemühen sich die beteiligten Firmen, die Konkurrenz dadurch auszuschalten, daß das Absatzgebiet bezw. der Kundenkreis unter den einzelnen Mitgliedern aufgeteilt werden. Zunächst wird es nicht ganz einfach sein, die Verteilung der einzelnen Absatzgebiete auf die Mitglieder durchzuführen, da wohl jedes Mitglied gerne seinen Konkurrenten aus seinem Interessenkreis herauszudrücken versuchen wird, andererseits höchst ungern einen alten Kunden, der zufällig im Absatzgebiet liegt, das einer anderen Lieferfirma zugeteilt werden soll, abgibt. Dazu kommt, daß bei dieser Art der Kartellierung durchaus mit den Kunden gerechnet werden muß. Der Kunde, der sich an ein bestimmtes Fabrikat und an das Geschäftsgebahren seines bisherigen Lieferanten gewöhnt hat, wird nicht so leicht davon zu überzeugen sein, daß der an die Stelle des ersten tretende Lieferant ihn in genau derselben zufriedenstellenden Weise bedient. Es ist in einer ganzen Reihe von

Wirtschaftszweigen vorgekommen, daß die Abnehmer sich nicht fügen wollten und zur Selbsthilfe schritten. Wenn auch im Maschinenbau nicht gerade wie in anderen Branchen damit zu rechnen ist, daß die Abnehmer dazu übergehen, selber Produktionsstätten für die benötigten Waren einzurichten, so läßt sich aus der Tatsache, daß der Widerstand vorhanden ist, schon auf die Menge der Unzuträglichkeiten schließen, die sich auch im Falle des Vertriebes von ......-Maschinen nach obigem System ergeben würden. Besonders gefährlich erscheinen vor-geschilderte Umstände, wenn die in Frage kommende Industrie nicht gewissermaßen Monopolstellung inne hat, sondern mit noch anderweitiger Konkurrenz, sei es im Inlande, sei es — für ausländische Absatz-gebiete — mit sonstiger ausländischer Konkurrenz zu rechnen hat.

Abmachungen der ebengeschilderten Art sind meistens nicht lange von Bestand, weil sich dauernd Unzuträglichkeiten innerhalb des Mit-gliederkreises ergeben. Aus den Ueberlegungen heraus, die zur Bil-dung der vorbeschriebenen Kartellform führen, sind wohl die meisten Verkaufszentralen entstanden, durch welche sich alle Schwierigkeiten ohne weiteres beheben lassen. Die einzelne Firma, die in den verschie-denen Absatzgebieten bei einer Anzahl Firmen gut eingeführt ist, verliert ihre Kundschaft nicht, da es dem Kunden schließlich gleich-gültig ist, ob er von der Fabrik direkt oder von deren Alleinvertretung, welche die Verkaufszentrale ja darstellt, bedient wird. Er kann mit seiner Lieferfirma in jeder Beziehung nach wie vor verkehren. Strei-tigkeiten unter den einzelnen interessierten Lieferfirmen sind eben-falls nicht möglich, da die V.-Z. in der Lage ist, die Interessen einer jeden der von ihr vertretenen Firmen vollends zu wahren.

Aus den vier soeben angestellten Vergleichen resultiert wohl ohne weiteres, daß d i e E n t w i c k l u n g s i c h i n R i c h t u n g a u f d i e V.-Z. a l s I n t e r e s s e n v e r t r e t u n g f ü r g l e i c h a r t i g e F i r - m e n b e w e g e n m u ß. Auch sonst sind noch einige Punkte anzu-führen, die es als geradezu selbstverständlich erscheinen lassen, daß der Verkauf gleichartiger Produkte für mehrere Firmen rentabler sein muß, als der Einzelverkauf. Ist es nicht, vom Standpunkt des Ver-bandes aus betrachtet, der bemüht ist, seinen Mitgliedern eine mög-lichst rationelle Arbeitsweise zu erwirken, lächerlich, wenn bei einem auftretenden größeren Bedarfsfall, in welchem beispielsweise 6 Ma-schinen zur Anschaffung gelangen sollen, 6 Herren von 6 verschieden interessierten Lieferfirmen, womöglich noch im selben Schnellzuge, nach dem Sitz des Kunden fahren, für 6 Herren Reise-, Hotel- und sonstige Vertrauensspesen entstehen, anstatt daß ein Herr, welcher von der V.-Z. dieser 6 Firmen zu entsenden wäre, mit $^1/_6$ der sonst von der Gesamt-heit aufzuwendenden Unkosten genau dieselben Wirkungen erzielt. Der-artige Beispiele ließen sich zu Hunderten anführen. Wir greifen hier nur noch einige ins Auge springende Vorteile heraus:

A. Propaganda.

Kommen bei den einzelnen Herstellerfirmen mehrere Maschinengattungen und Typen in Frage, so wird die Herausgabe von Sammelprospekten bezw. Katalogen die Uebersicht über das vollständige, einschlägige Material besser bieten, als wenn jede Firma für sich in ihrer Weise dasselbe Ziel verfolgt.

Die Unkosten des Prospektmaterials sinken erstens mit der größeren Auflage und zweitens dadurch, daß anstelle der Drucklegung einer größeren Anzahl von Prospektblättern bezw. Katalogen nur die Drucklegung für eine kleinere Anzahl in Frage kommt.

Auf Grund der Erfahrungen aller bisher mit dem Verkauf beschäftigten Firmen ist der V.-Z. viel eher die Möglichkeit gegeben, sich in jeder Beziehung den Bedürfnissen der Kundschaft in den einzelnen Absatzgebieten anzupassen.

Für die Gesamtheit ergibt sich genau derselbe Effekt, ob e i n Kunde von der V.-Z. e i n Prospekt (einmalige Selbstkosten), welches beim Versand nur e i n m a l Arbeit macht, welches nur e i n e n Portobetrag kostet, erhält und dabei über die Gesamtproduktion sämtlicher 6 Firmen orientiert wird, oder ob s e c h s Firmen mit s e c h s f a c h e n Unkosten genau dasselbe tun. Ferner fallen bei der V.-Z. diejenigen Unkosten weg, die bei den 6 Firmen entstehen durch Bearbeitung des Schriftwechsels, wenn der Kunde sich nicht mit einem Angebot begnügt, sondern 6 Konkurrenzofferten eingeholt hat und mit sämtlichen 6 Firmen die Unterhandlungen und Bearbeitungen weiterführt. Nach eventuell monatigen, schriftlichen Verhandlungen und Bearbeitungen durch Reisevertreter usw. kann letzten Endes ja doch nur eine der 6 Firmen den Auftrag erhalten.

B. Export.

Für den Export ergibt sich die alte Streitfrage, ob Ausfuhrgeschäfte direkt oder durch Vermittlung von Exporteuren zu tätigen sind. Will die Firma direkt arbeiten, so ist sie gezwungen, die Arbeit der Anknüpfung von Verbindungen selber zu leisten, sich unter Umständen Personal für fremdsprachlichen Schriftwechsel zu halten, welches, wenn nicht gerade große Häuser in Frage kommen, die ständigen Verkehr mit dem Auslande unterhalten, vielleicht nicht voll beschäftigt ist und mit deutscher Korrespondenz oder sonstigen Arbeiten betraut wird, die eigentlich nicht in derselben Weise bezahlt zu werden brauchten, als dies für Auslandskorrespondenten notwendig ist. Im anderen Fall übernimmt der Exporteur die Bearbeitung des Kunden und somit die vorerst erwähnten Unkosten. Es ist jedoch nicht die Gewähr für sachgemäße technische Bearbeitung des einzelnen Objektes gegeben. Ferner fällt der durch den Exporteur entstehende Zwischengewinn ins Gewicht.

Die in beiden Fällen entstehenden Mißstände werden durch die Errichtung einer V.-Z. behoben. Anstelle von 6 fremdsprachlichen Korrespondenten bei den einzelnen Firmen tut dies unter Umständen ein solcher bei der V.-Z. und bezieht $^1/_6$ des sonst für diesen Punkt auszuwerfenden Gehaltes. Die V.-Z. ist in der Lage, mehrsprachiges Prospektmaterial für sämtliche Erzeugnisse, wie oben bereits beschrieben, unter verhältnismäßig geringem Kostenaufwand zur Verfügung zu halten. Gewähr für sachgemäße Arbeit ist bei richtiger Auswahl des Personals der V.-Z. gegeben. Der Zwischengewinn, den sonst der Exporteur beziehen würde, fällt restlos dem Fabrikanten direkt zu.

C. Sonstiges.

Ist der Sitz einer V.-Z. in Berlin, so dürften den einzelnen Lieferfirmen Vorteile daraus erwachsen, daß die V.-Z. für sämtliche Lieferfirmen den Verkehr mit den Behörden an Ort und Stelle regeln kann, wodurch unter Umständen ins Gewicht fallende Unkostenbeträge, die durch Schriftwechsel und Reisen entstehen, gespart werden können.

Zweiter Teil.

Es taucht die Frage auf, in welcher Form die V.-Z. zweckmäßigerweise ins Leben zu treten hat. Es sind tatsächlich alle möglichen Formen vorhanden, für die die verschiedensten Bezeichnungen gewählt wurden, z. B.: Vereinigte Film-G. m. b. H., Vereinigte Glanzstoff-Fabriken A.-G., Vereinigte Geschäftsbücherfabriken G. Zumpen & Co., Westfälisches Kohlen-Syndikat. Die am meisten vertretenen Formen sind die Alleinvertretung, die G. m. b. H. und die A.-G. Erstere kommt für den vorliegenden Fall nicht in Betracht. Bei den letzten wird die Wahl wohl ohne weiteres auf die A.-G. fallen, wenn man beide unter dem Gesichtspunkte der Steuergesetzgebung betrachtet.

Im Folgenden soll in Form eines Vorschlages kurz das Wesen dieser A.-G. skizziert werden.

I.

Die Mitglieder des Verbandes vereinigen sich zu einer A.-G. Z w e c k des Unternehmens ist der V e r k a u f s ä m t l i c h e r E r z e u g n i s s e d e r V e r b a n d s - F i r m e n.

II.

Mit Gründung der A.-G. geht die g e s a m t e P r o p a g a n d a und V e r k a u f s t ä t i g k e i t von den einzelnen Firmen auf die A.-G. über, so daß die Fabriken tatsächlich nur noch Werkstätten darstellen. Eine Verpflichtung der Mitglieder, selber jede Verkaufs- und Propagandatätigkeit einzustellen, ist im Vertrag festzulegen.

III.

Die A.-G. ist Bürobetrieb mit Ausstellungslager in einem geeignet erscheinenden größeren Ort Deutschlands. Für die Wahl des Ortes mögen Gründe maßgebend sein, die in den Verbandsverhältnissen wurzeln und mir nicht näher bekannt sind. Es soll jedoch ausdrücklich daran erinnert werden, daß Berlin als Sitz der A.-G. wesentliche, nicht zu unterschätzende Vorteile bietet: (Verkehr mit Behörden; Mittelpunkt für das zu schaffende Vertreternetz nach dem In- und Auslande; Kontakt mit den Ausfuhrbehörden; günstige Lage für ausländische Käufer usw.).

IV.

Die Erzeugnisse der Firmen, deren Menge nach einem weiter unten erörterten Verfahren kontingentiert ist, sind Eigentum der Herstellerfirmen, stehen jedoch als Konsignationsware jederzeit zur Verfügung der A.-G. zum Zwecke der Auffüllung des Ausstellungslagers und Weitergabe in Konsignation an Vertreterfirmen usw.

V.

Die durch die Errichtung des Betriebes erstmalig und einmalig entstehenden Unkosten werden auf die Zahl der Aktionäre zu gleichen Teilen umgelegt.

VI.

Um die Aktionäre zur Einhaltung der eingegangenen Vereinbarungen zu zwingen, hinterlegen dieselben Sichtwechsel in noch zu bestimmender Höhe, über deren Flüssigmachung im Uebertretungsfalle die Generalversammlung entscheidet. Die flüssig gemachten Beträge werden dem in Ziffer 7 erwähnten Gewinnkonto der A.-G. zugeführt.

VII.

Die von der A.-G. für das Ausstellungslager und für die Untervertreter übernommenen Konsignationsmaschinen sollen möglichst nicht verkauft werden, sondern als Mustermaschinen stehen bleiben, Lieferung soll dagegen möglichst ab Werk erfolgen.

Die Preisfestsetzung geschieht in folgender Weise:

Von der Generalversammlung wird für jede Maschinenart und -Größe ein Grundpreis festgesetzt, welcher gleichzeitig den Mindestpreis darstellt. Dieser Grundpreis soll das Interesse der Geschäftsleitung an dem Einzelverkauf und die anteiligen Unkosten des Geschäftes enthalten. Es ist demnach beim Verkauf der Maschinen nach erfolgtem Zahlungseingang der Grundpreis sofort an den betreffenden Lieferanten abzuführen, nachdem ein Abzug in bestimmter Höhe für die genannten Zwecke gemacht worden ist. Die Höhe des Prozentsatzes läßt sich natürlich ohne Kenntnis der Umsatzmöglichkeit usw. nicht festlegen und bliebe versuchsweise etwa auf 10 % anzusetzen.

Nachstehend ein Beispiel zur besseren Uebersicht:

Eine Maschine mit Grundpreis von . . . . . ℳ 1 000 000.—
wird zum Brutto-Preise von . . . . . ℳ 1 150 000.—
verkauft.

Nachdem das Geld eingegangen ist, führt die
A.-G. an den Lieferanten . . . . ℳ 1 000 000.—
abzüglich 10 % . . . . ℳ 100 000.—
also . . . . ℳ 900 000.—
ab.

Der Abzug von 10 % = ℳ 100 000.— wird in folgender Weise verwandt:

1½ % Ausschüttung von Provisionen an die Geschäftsleitung.
8½ % Uebernahme auf Unkosten-Fonds.

Aus dem Unkosten-Fonds sind sämtliche durch den Vertrieb entstehenden Unkosten, wie Büro- und Lagermiete, Fixum der Monatsbezüge für die Geschäftsleitung,. Gehälter, Reklameunkosten, Schreibmaterialien, Telefongebühren, Kosten für Reisetätigkeit usw. zu bestreiten.

Der Mehrpreis über ℳ 1 000 000.— = ℳ 150 000.— wird dem Gewinnkonto der A.-G. zugeführt.

Um der Geschäftsleitung den Anreiz zur großmöglichsten Verminderung der Unkosten zu geben, wird der nach Jahresschluß abzuschließende Unkostenfonds, falls ein Kreditsaldo bleibt, in der Weise verteilt, daß ⅓ des Ueberschusses an die Geschäftsleitung ausgezahlt und ⅔ dem Gewinnkonto der A.-G. zugeschrieben werden.

Das Gewinnkonto der A.-G., enthaltend die über die Grundpreise hinaus erzielten Netto-Gewinne und den Gewinn aus ersparten Unkosten, bilden den Fonds für die Festsetzung der an die Aktionäre auszuschüttenden Dividenden.

VIII.

Die größten Schwierigkeiten wird augenblicklich m. E. die Feststellung der Quote machen, mit der die einzelnen Firmen am Absatz beteiligt sein wollen. Vorbedingung für gute Erfolge der A.-G. ist unter allen Umständen die m ö g l i c h s t   b e s c h l e u n i g t e   D u r c h - f ü h r u n g   v o n   N o r m a l i s i e r u n g ,   T y p i s i e r u n g   und S p e - z i a l i s i e r u n g .   Es muß eine große G e f a h r , nämlich die der U e b e r - P r o d u k t i o n vermieden werden. Diese Gefahr liegt deshalb nahe, weil mit der Errichtung einer V.-Z. die Firmen der Verantwortung, daß Produktion und Absatz in richtigem Verhältnis stehen müssen, enthoben sind. Hatte die einzelne Firma bisher das Bestreben, nur soviel zu fabrizieren, wie bestimmt abgesetzt wird, so wird sie heute geneigt sein — besonders unter den heutigen kritischen Verhältnissen — die Schuld der A.-G. zuzuschieben, wenn es dieser nicht gelingt, soviel abzusetzen, daß die Betriebe voll ausgenutzt werden.

Es ist daher von größter Wichtigkeit, daß bis zu dem Augenblick, in welchem die Spezialisierung und Typisierung restlos durchgeführt ist, genau festgelegt wird, welches die bisherigen Jahresleistungen einer jeden Firma waren. Man kann dabei vielleicht in der Weise verfahren, daß der Umsatz der letzten 10 Jahre zusammengefaßt und der Durchschnitts-Jahresumsatz festgestellt wird. Mit der fortschreitenden Spezialisierung wird die sich so ergebende Quote berichtigt werden müssen. Es ist auch hier nochmals ausdrücklich darauf aufmerksam gemacht, daß die erstmalige Feststellung nur ein Provisorium ist und die Spezialisierung unerläßlich bleibt.

In diesem Zusammenhange sei erwähnt, daß bei zufriedenstellenden Ergebnissen des Systems, des gemeinsamen Verkaufes, sich vielleicht über kurz oder lang sogar die Frage der teilweisen Zusammenlegung der Betriebe als diskutierbar erweisen wird, sofern die seither geleistete Arbeit die Rentabilität eines jeden der beteiligten Betriebe hat genauer erkennen lassen.

IX.

Der Aufsichtsrat der A.-G. setzt einen Sachverständigen-Ausschuß ein, der von der A.-G. angerufen werden kann, sofern sich Reklamationen hinsichtlich der Qualität und Ausführungsart gelieferter Maschinen ergeben. Der Ausschuß stellt fest, ob und in wie weit die Herstellerfirma schadenersatzpflichtig ist.

Nachtrag zu Punkt VIII.

Bei näherem Eingehen auf die Frage der Feststellung der Quote, mit der eine jede Firma am Absatz beteiligt sein soll, ergibt sich die Möglichkeit, daß Unzufriedenheit mit der Beteiligungsziffer bei dem einen oder anderen Werk entsteht, sei es, daß die erstmalige Feststellung bereits scharf angefochten wird und die Verhandlungen in diesem Punkt scheitern könnten, sei es, daß über kurz oder lang die erstmalig als richtig anerkannte Quote als nicht mehr der veränderten Leistungsfähigkeit des Werkes entsprechend bezeichnet wird.

Ich habe bereits im Exposé darauf hingewiesen, daß bei der Art des vorgeschlagenen Geschäftsbetriebes der A.-G. die möglichst beschleunigte Durchführung der Spezialisierung notwendig erscheint. Auch aus Gründen der Niedrighaltung der Selbstkosten wird man sich dazu verstehen müssen, den Grundsatz der Spezialisierung zur Anwendung zu bringen. Es ist m. E. die

Lösung aller sich hinsichtlich der Quote ergebenden Streitfragen nur auf folgende Weise möglich:

Die beteiligten Firmen müssen sich zunächst über nachstehende Fragen klar werden:

1. Was bin ich auf Grund meiner Fabrikeinrichtung, Fabrikgröße, auf Grund der Anzahl beschäftigter Arbeiter, günstigen oder ungünstigen Lage des Betriebes tatsächlich zu leisten imstande, vorausgesetzt, daß die ganze Produktion, gleichviel wie groß sie ist, stets mit Leichtigkeit abgesetzt wird? — **Leistungsfähigkeit.**
2. In welchem Ausmaß hat sich in Wirklichkeit meine Produktion von mir selber absetzen lassen, ungeachtet der tatsächlichen Leistungsfähigkeit, auf Grund welcher vielleicht noch einmal so viel hätte hergestellt werden können, als tatsächlich abgesetzt wurde? — **Umsatz.**

Das Bestreben eines jeden Werkes ist es, für die V.-Z., also hier für die A.-G. bis zur Grenze seiner Leistungsfähigkeit beschäftigt zu sein. Zweck der A.-G. ist es ja, den einzelnen Werken, die bisher jedes für sich dies nicht in der gewünschten Weise vermochten, dazu zu verhelfen.

Es wird sämtlichen Firmen wahrscheinlich irrtümlicherweise der Gedanke vorschweben, daß sie bei der Quotierung gemäß ihrer tatsächlichen Leistungsfähigkeit berücksichtigt werden müßten. Dies erscheint mir bei genauerer Ueberlegung falsch. Wollten wir bei Gründung der A.-G. bereits eine Quote entsprechend der tatsächlichen Leistungsfähigkeit festsetzen, so setzt dies nicht nur die genaue Kenntnis der Leistungsfähigkeit einer jeden Firma voraus, sondern es ist auch unbedingt notwendig, daß die Firmen untereinander voll und ganz die getroffene Feststellung des Grades der Leistungsfähigkeit anerkennen.

Diese Anerkennung wird, wenn sie überhaupt erfolgt, nur auf dem Wege des Kompromisses möglich sein. Eine v o l l k o m m e n e i n ~ w a n d f r e i e Feststellung der Leistungsfähigkeit im Sinne der obigen Frage 1 ist einem andern als dem Inhaber nicht möglich. Natürlich läßt sie sich von Fachleuten ungefähr berechnen, jedoch ist mit einer ungefähren Feststellung dem Zwecke n i c h t gedient. Der Inhaber eines jeden Werkes würde in diesem Falle nicht die feste Ueberzeugung haben, daß seine Firma in gerechter Weise berücksichtigt ist.

Wir müssen daher die Feststellung der genauen Leistungsfähigkeit so lange zurückstellen, bis beim Vertrieb der Erzeugnisse durch die A.-G. positive Unterlagen für ein jedes Werk vorliegen, und für den Anfang von festen, bereits vorliegenden Zahlen ausgehen. Diese Zahlen sind in den Umsatzziffern der einzelnen Werke gegeben. Inwieweit Leistungsfähigkeit und Umsatz bei jedem einzelnen Werk differenzieren, wird sich später für jedes einzelne Werk genau berechnen lassen. Vorläufig ist billigerweise anzunehmen, daß, falls die Differenz vorhanden ist, sie in allen Werken gleich groß ist. Infolgedessen kann für den Anfang eine Aufteilung des Gesamtumsatzes nur in der Weise erfolgen, daß die Einzelquoten sich verhalten wie die Einzelumsätze; mit anderen Worten: Als ein Minimum hat jede der Firmen einen Anspruch an die A.-G. auf einen Umsatz gleich dem bisher erzielten, vorbehaltlich der Berichtigung des Verhältnisses der Quoten zueinander, auf Grund der Ergebnisse der Tätigkeit der A.-G.

Wir stellen also auf Grund des letzten Jahresumsatzes und um Zufälligkeiten im Laufe des letzten Jahres auszuschalten, unter Zuhilfenahme des Durchschnitts-Umsatzes der letzten 10 Jahre für jede Firma die vorläufige Quote fest. Haben wir dies getan, so beginnt durch die A.-G. auf der so gewonnenen Basis die Verkaufsarbeit.

Sofort bei Beginn der Verkaufsarbeit muß an die eventuell notwendige Berichtigung der erstmaligen Quoten gedacht werden. Als Grundlage hierfür stellen wir bei Gründung der A.-G. erstmalig eine Relation her zwischen den nachstehenden Punkten 1—4 und dem Jahresumsatz einer jeden Firma.

1. Anzahl und Leistungsfähigkeit der im Betriebe befindlichen Arbeitsmaschinen,
2. Anzahl, Art und Größe der zur Verfügung stehenden Fabrikationsräume,
3. Lager an Rohstoffen und Halbfabrikaten,
4. Lager an Fertigfabrikaten.

Von dieser erstmalig festgestellten Relation ausgehend, ist nun fortlaufend in Abständen von etwa einem halben Jahre in gleicher Weise zu verfahren, nur daß bei Aufstellung der nächsten Relation ein weiterer Punkt in Betracht zu ziehen ist, nämlich:

5. Anzahl und Art der Mängelrügen.

Nach Verlauf des ersten Halbjahres ist die erste Relation mit der zweiten zu vergleichen und in der Generalversammlung über etwaige Abänderungen der Quoten abzustimmen, bei welcher Abstimmung die Geschäftsleitung der A.-G. zur Stimmabgabe berechtigt sein müßte.

Es muß nun Aufgabe einer technischen Kommission sein, unter Berücksichtigung der gefundenen Ergebnisse die Spezialisierung in der Weise durchzuführen, daß die Lieferungsfähigkeit eines jeden Werkes mit dem Umsatz in Einklang gebracht wird, mit anderen Worten, daß jedes Werk so viel umsetzt, wie es in Wirklichkeit produzieren kann.

---

d) Verband deutscher Kuvert-Maschinen-Fabrikanten.

Dargestellt auf Grund der Ausführungen des
Verbandsvorsitzenden Wescher.

Es handelt sich hier um ein festorganisiertes Spezialisierungskartell, das fast alle bedeutenden Firmen des Kuvertmaschinenbaues umfaßt. Ein ganzer Maschinenbauzweig führt hier die Spezialisierung durch, indem die verschiedenen Maschinen und Spezialitäten den einzelnen Fabriken zugewiesen werden. Die interessanten Mitteilungen W e s c h e r s über den Aufbau dieses Kartells seien im Folgenden wörtlich wiedergegeben: [1])

„In dem Verbande deutscher Kuvertmaschinenfabrikanten, dem ich vorstehe, ist ebenfalls eine weitgehende Spezialisierung vorgenommen worden, die ich mit einigen Worten erläutern möchte. Die Mitglieder dieses Verbandes deutscher Kuvert-Maschinen-Fabrikanten stellen eine größere Anzahl von Maschinen her, die alle zur Herstellung von Briefumschlägen benötigt werden. Es sind dies zunächst Stanzmaschinen, die die Blätter, aus denen die Briefumschläge hergestellt werden, aus dem Papierstapel herausstanzen, dann Gummiermaschinen, die die Schlußklappen der Briefumschläge gummieren, Falt- und Klebemaschinen, die die Umschläge falten und zusammenkleben, Fensterdruckmaschinen für Fensterbriefumschläge, Futtereinklebemaschinen, die zur Herstellung von gefütterten Briefumschlägen dienen, und dergleichen mehr. Fast sämtliche von diesen Maschinenarten wurden früher von a l l e n Mitgliedern des Verbandes gebaut.

Zwecks Durchführung der Spezialisierung haben sich nun die einzelnen Firmen v e r t r a g l i c h verpflichtet, von den bisher gebauten, zur Herstellung von Briefumschlägen dienenden Maschinenarten nur noch z w e i oder d r e i Gattungen zu bauen, und hat eine Verteilung der verschiedenen Gattungen unter die Verbandsmitglieder stattfinden können. Infolge dieser Spezialisierung wird in Zukunft jede Maschinenart nur noch von e i n e r Firma, also auch nur in e i n e r Ausführungsform hergestellt. Es ist hierdurch nicht nur eine Spezialisierung, sondern auch eine T y p i s i e r u n g erreicht worden. Der A b n e h m e r v e r b a n d hat sich mit dieser Spezialisierung und Typisierung gerne e i n v e r - s t a n d e n erklärt, erstens weil die P r e i s e der Maschinen infolge der Spezialisierung und der hierdurch erreichten Möglichkeit der Herstellung von Maschinen in größeren Reihen v i e l n i e d r i g e r werden, zweitens weil durch den Fortfall der bisherigen Notwendigkeit, Maschinenmeister und Bedienungspersonal mit den verschiedenen Ausführungsformen jeder Maschinenart bekanntzumachen, eine E r l e i c h - t e r u n g i m A n l e r n e n v o n L e u t e n erreicht wird, und drittens, weil die B e s c h a f f u n g v o n E r s a t z t e i l e n zwecks Ausführung von Reparaturen in der Reparaturwerkstätte des Abnehmers durch eine Verringerung der notwendigsten Ersatzteile e r l e i c h t e r t wird. Zur Förderung des Maschinenbaues in größeren Reihen ist von unserem Ver-

---

[1]) Aus dem in Barmen gehaltenen Vortrage im „Verein für Technik und Industrie", 1920.

bande ein Vertrag mit dem Abnehmerverbande geschlossen worden, nach welchem der Abnehmerverband die Maschinenaufträge seiner Mitglieder entgegennimmt, sammelt und nur in größeren, zum Reihenbau geeigneten Anzahlen an den Verband deutscher Kuvert-Maschinen-Fabrikanten weitergibt. Um die Gefahr eines materiellen Verlustes der Verbandsmaschinenfabrikanten durch die Beschränkung auf einen kleinen Kreis von Erzeugnissen zu beheben, findet zwischen den Mitgliedern in gewissen Grenzen ein Ausgleich statt. Es ist zu diesem Zwecke der Anteil einer jeden Firma des Maschinenfabrikanten-Verbandes an dem Gesamtumsatz aller Verbandsfirmen festgelegt worden, und es wird denjenigen Firmen, die in den ihnen im Spezialisierungsvertrage zugewiesenen Maschinenarten nicht ihren Anteil am Gesamtumsatz erreichen, von denjenigen Firmen, deren Anteil am Gesamtumsatz sich vergrößert, eine prozentuale Entschädigung gezahlt. Wird der Unterschied im Anteile einer Firma am Gesamtumsatz gegenüber dem festgelegten früheren Anteil zu groß, so kann der Verband eine Aenderung in der Verteilung der Maschinenarten vornehmen."

Zu den anschaulichen Ausführungen Weschers erübrigt sich eine kritische Stellungnahme. Hingewiesen sei lediglich auf die von Wescher mitgeteilte bedeutsame Tatsache, daß der Abnehmerverband sich mit der Spezialisierung und Typisierung einverstanden erklärt hat und daß zur Förderung des Maschinenbaues in großen Reihen von dem Fabrikantenverband ein Vertrag mit dem Abnehmerverbande geschlossen worden ist, „nach welchem der Abnehmerverband die Maschinenaufträge seiner Mitglieder entgegennimmt, sammelt und nur in größeren, zum Reihenbau geeigneten Anzahlen an den Verband deutscher Kuvertmaschinenfabrikanten weitergibt".

Der Rationalisierung im Sinne eines planmäßig-reibungslosen Wirtschaftsablaufes unterliegt somit im vorliegenden Falle der Produktions- wie Absatzprozeß bis zu seiner letzten Phase. Der Wirtschaftskreis hat sich organisch geschlossen: Auf vertraglicher Grundlage unter Erhaltung der Selbständigkeit der einzelnen Werke gibt der Konsument — durch den Abnehmerverband — dem Produzenten — Verband deutscher Kuvertmaschinenfabrikanten — Menge und Art der Produktion an.

e) Gemeinschaft deutscher D-Maschinenfabriken.

Dargestellt auf Grund eines Exposés, ver-
faßt von einem Vorstandsmitgliede eines
Fachverbandes des VDMA.

Nachstehend zur Abschrift gebrachtes Exposé diente als Verhandlungsunterlage für die Gründung der „Gemeinschaft deutscher
D-Maschinenfabriken".

In diesem Spezialisierungskartell schließen sich führende deutsche Spezialmaschinenfabriken der ....-Branche zum Zwecke der
„Verbilligung der Verkaufs- und Produktions-Un-
kosten auf freiwilliger Grundlage unter Erhaltung der
wirtschaftlichen Selbständigkeit" zusammen und zwar
wird „die bekannte große Schwierigkeit bei der Bildung von
Verkaufsgemeinschaften, die in der Festsetzung der Beteili-
gungsquoten liegt, durch geschickte Wahl der Gesellschafterfirmen unter dem Gesichtspunkte der möglichsten Erleichterung
des Abschlusses von Spezialisierungsverträgen
vermieden".

Der auf Grund dieser im Exposé aufgestellten Richtlinien ge-
bildete Zusammenschluß darf, wie mir von den verschiedensten
Seiten bestätigt wurde, in der Praxis als der bestorganisierte und
vorbildlichste dieser Art angesprochen werden. Dieser Umstand
macht das Exposé für die wissenschaftliche Bearbeitung besonders wertvoll, zumal noch bei seiner Abfassung die praktischen
Erfahrungen in den schon vorhandenen mit großem Erfolg arbei-
tenden Organisationen auf diesem Gebiete (Gemeinschaft Deutscher
Automobilfabriken, Gemeinschaft deutscher Textilmaschinenfabriken, Ausfuhrgemeinschaft deutscher Maschinenfabriken für das
Druck- und Papierverarbeitungsgewerbe, Gemeinschaft Deutscher
Bohrmaschinenfabriken etc.) Berücksichtigung fanden unter gleichzeitiger Vermeidung etwa gemachter Fehler und Mißgriffe.

Eine kritische Stellungnahme zum Exposé erübrigt sich. Die
darin entwickelten Gedankengänge, vor allem über „Zwecke und
Ziele der Gesellschaft" auf Seite 70 sprechen für die praktische Verwertbarkeit fast aller im grundsätzlich-theoretischen Teil
meiner Arbeit erörterten Kartellmaßnahmen unmittelbarer Produktionsförderung.

Exposé.

Allgemeines:

Von der Ueberlegung ausgehend, daß insbesondere während der Deflationskrisis nur diejenige Firma voraussichtlich ihre Selbständigkeit erhalten wird, der es rechtzeitig gelingt, sich eine leistungsfähige Absatzorganisation zu schaffen, schließen sich eine Reihe von angesehenen Spezialmaschinenfabriken der ......Branche zu einer Interessengemeinschaft zusammen.

Sie machen Gebrauch von dem günstigen Umstande, daß in diesem Zweige des Maschinenbaues schon von jeher eine natürliche Spezialisierung nach den wichtigsten Absatzgebieten durchgeführt war und daß ferner gerade die führenden Werke bisher von großen Konzernen der Schwerindustrie, den Banken und dergleichen verhältnismäßig unabhängig waren.

Als Vorbild dienen die neuen Organisationen dieser Art im Maschinenbau, die mit größtem Erfolge ins Leben getreten sind (Gemeinschaft deutscher Automobilfabriken, Gemeinschaft deutscher Textilmaschinenfabriken, Ausfuhrgemeinschaft deutscher Maschinenfabriken für das Druck- und Papierverarbeitungsgewerbe, Gemeinschaft Deutscher Bohrmaschinenfabriken).

Der Leitgedanke bei allen schon existierenden Interessengemeinschaften dieser Art ist immer derselbe: Die bekannte große S c h w i e r i g k e i t bei Bildung von Verkaufsgemeinschaften, die in der F e s t s e t z u n g der B e t e i l i g u n g s q u o t e n (Kontingente) liegt, wird durch geschickte Wahl der Gesellschafterfirmen unter dem Gesichtspunkte der möglichsten Erleichterung des A b s c h l u s s e s von S p e z i a l i s i e r u n g s v e r t r ä g e n v e r m i e d e n. Dann stehen der Durchführung aller sonstigen Maßnahmen auf dem Gebiete der gemeinsamen Absatzorganisation, des Erfahrungsaustausches, keine Hindernisse mehr entgegen.

Der U m f a n g d e r I n t e r e s s e n g e m e i n s c h a f t ist so gewählt, daß mit der Produktion der einzelnen Mitgliedsfirmen zusammengenommen alle vorkommenden Bedarfsfälle der ......Branche nebst verwandten Gebieten gedeckt werden können. Die Auswahl der Gesellschafterfirmen erfolgt nach dem Gesichtspunkte der geringstmöglichen Ueberschneidung der Absatzgebiete. Eine Beeinflussung der Gesellschafterfirmen auf dem Gebiete der Mindestpreise und Mindestlieferbedingungen erfolgt nicht; diese Gebiete bleiben der bisherigen Regelung durch die zuständigen Fachverbände oder bei Fortfall derselben dem freien Wettbewerb vorbehalten, während der Wettbewerb zwischen den Gesellschaftsfirmen durch die Abgrenzung der Arbeitsgebiete ausgeschaltet ist.

Z w e c k e u n d Z i e l e der Gesellschaft sind:

Verbilligung der Verkaufsunkosten und Produktionsunkosten, Vergrößerung des Absatzes der Gesellschafterfirmen:

a) durch Spezialisierung der einzelnen Gesellschafterfirmen auf diejenigen Spezialmaschinentypen ihres Absatzgebietes, in denen sie schon bisher besonders leistungsfähig waren. Hierdurch Einschränkung der technischen Büros, Angebotsabteilungen, Herabsetzung der Betriebsunkosten durch größere Serienfabrikation und sonstige rationellere Betriebsmethoden.

b) durch Anstellung gemeinschaftlicher Vertreter beziehungsweise gemeinschaftlicher Verkaufsbüros im In- und Ausland.

c) durch einheitlichen Ausbau der Verkaufsunterlagen (Preislisten, Propagandamaterial etc.), Herausgabe gemeinschaftlicher Kataloge, Verstärkung der Propaganda durch gegenseitige Empfehlung.

d) durch Erfahrungsaustausch über günstige Absatzgebiete, sowie über Betriebs- und Verkaufsorganisationen, Werkstattseinrichtungen und dergleichen.

e) durch bessere Ausnützung erforderlich werdender In- und Auslandsreisen einzelner Gesellschafterfirmen.

f) durch planmäßige Ausbildung geeigneter Personen, sowohl eigener Beamter, wie auch Angestellter ausländischer Vertreterbüros für den Verkauf der Erzeugnisse der Gesellschafterfirmen.

g) durch gemeinsame Beschickung von Fachausstellungen, Messen etc.

Zusammenfassend wirken alle diese Maßnahmen durch diese Zusammenfassung in einer machtvollen Interessengemeinschaft in Richtung einer allgemeinen Hebung des Ansehens der Mitgliederfirmen im In- und Auslande.

Organisation der Gesellschaft.

Im Gegensatz zu den Trusts, (z. B. Mühlenindustrie A.-G. des Greffenius-Konzerns), die auf der unfreiwilligen Ueberfremdung einer Reihe von Firmen durch heimlichen Erwerb der Aktienmajorität entstehen, wobei sämtliche dem Trust angeschlossene Firmen zu Gunsten einer Firma oder einer Person ihre wirtschaftliche Selbständigkeit verlieren, erstreben die Interessengemeinschaften dieselben wirtschaftlichen Ziele, (Spezialisierung, rationellere Ausnützung des Verkaufsapparates, Vereinfachung der Verwaltung, geringere Unkosten) auf freiwilliger Grundlage unter Erhaltung der wirtschaftlichen Selbständigkeit der einzelnen Werke.

Die übliche, sowohl in der Theorie wie auch in der Praxis allgemein als bewährt anerkannte Form der Interessengemeinschaft ist folgende:

Die Mitglieder der I.-G. gründen gemeinschaftlich eine G. m. b. H. Diese hat einen Aufsichtsrat, der satzungsgemäß aus den Leitern der angeschlossenen Werke bestehen muß. Der Vorsitz wechselt von Jahr zu Jahr nach einem bestimmten festgelegten Turnus. Der Vorsitzende wird von der jeweiligen Vorortsfirma gestellt. Wiederwahl des Vorsitzenden oder der Vorortsfirma nach Ablauf eines Geschäftsjahres ist unzulässig.

Die Mitglieder des Aufsichtsrates erhalten für ihre Tätigkeit die im Interesse der Gesellschaft satzungsgemäß festgelegte Gewinnbeteiligung (Tantieme). Die Gesellschaft hat einen oder mehrere Geschäftsführer. Diesen obliegt neben der Erledigung der gesetzlich festgelegten Obliegenheiten der Abschluß der vom Aufsichtsrat genehmigten Verträge mit den Gesellschaftern, Vertretern, Rohstofflieferern etc., die Führung der hierzu notwendigen Verhandlungen, die Vermittlung des Erfahrungsaustausches, die Ermittlung der satzungsmäßigen Gewinnanteile der Gesellschaft an die Gesellschafter und umgekehrt, die Ueberwachung der Einhaltung der Verträge, die Führung von Prozessen und schließlich die planmäßige Weiterbildung und der Ausbau der Interessengemeinschaft nach den vom Aufsichtsrat gegebenen Richtlinien.

Dagegen kauft oder verkauft die Gesellschaft selbst nichts. Sie ist nicht Verkaufsstelle, sondern nur Aufsichts- und Verwaltungsstelle.

Im übrigen gelten für die Gesellschaft, ihre Geschäftsführer und dergleichen die bekannten Bestimmungen des G. m. b. H.-Gesetzes.

Die Gesellschaft schließt mit den Gesellschafterfirmen mehrere Gruppen von Verträgen, die die betreffenden besonderen Vereinbarungen enthalten (sternförmige Verträge mit ringförmiger G. m. b. H. Doppelgesellschaft vergl. Kohlensyndikat, I.-G. der chemischen Industrie, Gemeinschaft deutscher Automobilfabriken, Zementmaschinen-G. m. b. H.). Diese Verträge stellen in ihrer Gesamtheit das Wesen der I.-G. dar.

Die **erste Gruppe von Verträgen** bestimmt die Höhe des G e w i n n a n t e i l e s , die vom Jahresreingewinn seitens der Gesellschafter der G. m. b. H. zugesichert werden. Die Gesellschafterfirmen erhalten für diese Gewinnbeteiligung als Ausgleich Anteile der G. m. b. H. oder Verzichterklärungen von Gesellschafterfirmen auf bestimmte Teile ihrer Produktion zu Gunsten der Spezialfabrikation der betreffenden Gesellschafterfirma. Sie erhalten in dem Maße Anteile der Gesellschaft, wie sie die G. m. b. H. an ihrem Gewinn beteiligen, wobei der Verzicht auf bisherige Teile ihrer Produktion zu Gunsten der Spezialisierung zu ihren Gunsten angerechnet und mit Gesellschafterteilen bezahlt wird.

Vom Reingewinn der G. m. b. H. gehen die Verwaltungsunkosten und die Tantiemen für die Aufsichtsratsmitglieder, die Geschäftsleitung etc. ab. Sollte es gelingen, die notwendigen Verständigungen über die Abwälzung der Arbeitsgebiete auf dem bloßen Verhandlungswege ohne gegenseitige Gewinnbeteiligung zu erreichen, so würde dies eine große Vereinfachung der I.-G. bedeuten.

Eine **zweite Gruppe von Verträgen** befaßt sich mit der S p e z i a l i s i e r u n g. Jede Gesellschafterfirma verpflichtet sich der Gesellschaft gegenüber, bis auf die Dauer mehrerer Jahre nach Ablauf der I.-G. keine Sondermaschinen des gemeinsamen Interessengebietes zu bauen oder anzubieten, die vertragsmäßig anderen Gesellschafterfirmen zugewiesen sind. Sie verpflichtet sich, jede Anfrage und jeden Bedarfsfall des gemeinsamen Interessengebietes sofort der zuständigen Gesellschafterfirma zu überweisen. Ferner verpflichtet sie sich, die ihr zugewiesenen Sondermaschinen des gemeinsamen Erzeugungsgebietes der I.-G. in bezug auf Konstruktion, Material, Ausführung, Ausstattung nach den neuesten Fortschritten der Technik wettbewerbsfähig zu halten, notwendige neue Modelle ihres Arbeitsgebietes oder Verbesserung bestehender zu schaffen, die notwendigen Unterlagen für die gemeinsame Propaganda rechtzeitig zu liefern, im Geschäftsverkehr mit der Kundschaft alles zu unterlassen, was den gemeinschaftlichen Absatzinteressen abträglich sein könnté. Dies bezieht sich insbesondere auf Prozesse, die aus den Lieferverträgen herrühren und zu deren Führung unter Umständen die Genehmigung der sonstigen Gesellschafter einzuholen ist. Schließlich verpflichtet sich die Gesellschaft zum Erfahrungsaustausch auf dem Gebiete der Konstruktion und Fabrikation.

Eine **dritte Gruppe von Verträgen** befaßt sich mit der Schaffung einer gemeinschaftlichen A b s a t z o r g a n i s a t i o n. Die Gesellschafterfirmen verpflichten sich der Gesellschaft gegenüber, künftighin ohne vorherigen Beschluß der Gesellschafterversammlung neue Vertreterverträge nicht mehr abzuschließen und eigene Verkaufsbüros nicht mehr zu errichten, vielmehr die vorhandenen Absatzorganisationen je nach Lage der betreffenden Verträge in den verschiedenen Absatzländern derart umzugestalten, daß in jedem einzelnen Lande die nachweislich erfolgreichste Vertreterfirma des Fachgebietes die gemeinschaftliche Vertretung sämtlicher angeschlossener Gesellschafterfirmen in die Hand bekommt, unter Umständen unter Angliederung besonderer durch Fachleute besetzter Spezialabteilungen bei größeren Importfirmen.

Sie verpflichten sich ferner, ihr künftiges Katalog- und Propagandamaterial in bezug auf Format, Ausstattung und Inhalt (Rabatte und dergl.) nach einheitlichen von der Gesellschafterversammlung ausgegebenen Richtlinien auszustatten.

Eine **vierte Gruppe von Verträgen** befaßt sich mit den allgemeinen V e r w a l t u n g s b e s t i m m u n g e n der I.-G. über Vertragsdauer, Vertragsstrafen, einheitliche Kalkulations- und Bilanzierungsmethoden, Nachprüfung der Bilanz und des Reingewinnes durch die Geschäftsführung oder andere Vertrauenspersonen entsprechend den üblichen Bestimmungen solcher Organisationen, Erfahrungsaustausch über Organisationsfragen etc.

Eine Erweiterung der Interessennahme der Gesellschaft auf gemeinsamen Bezug bestimmter Rohstoffe, der Erwerb eigener Gießereien ist

sofort oder später möglich, wie überhaupt diese Form des Vertrags-
schlusses eine große Beweglichkeit in bezug auf spätere erforderliche
Maßnahmen, Aenderungen und dergl. gewährleistet, wobei die I.-G.
selbst in dieser Form nach den Anschauungen der maßgeblichen Kar-
tellfachleute als unsprengbar gilt.

Nach der schon vorliegenden Spezialisierung kommt die Bildung
mehrerer Gruppen in Betracht, wonach in jeder Gruppe ein oder mehrere
Mitglieder enthalten sein können. Wenn mehrere Mitglieder dieselbe
Gruppe bearbeiten, so müssen sie sich unter Vermittlung der Gesellschaft
auf bestimmte Spezialmaschinen begrenzen, z. B. die Firma A auf X-Maschinen, die Firma B auf Y-Maschinen und die Firma C auf Z-Maschinen.

Das Arbeitsgebiet muß so groß sein, daß die im Ausland reisenden
Vertreter dem dortigen ......Gewerbe und seinen Hilfsindustrien alles
anbieten können, was erfahrungsmäßig gebraucht wird, so daß die Reise-
und Propagandaspesen der Vertretung voll ausgenutzt werden und daß
ferner es sich für die Vertretungen lohnt, für das gesamte Vertretungs-
gebiet repräsentable Verkaufsräume, erstklassige Verkäufer etc. zu unterhalten, sowie erhebliche Propagandaspesen aufzuwenden.

Andererseits darf es aber auch nicht größer sein, als daß nicht
ein guter Fachmann der ......Branche das ganze Gebiet der I.-G. mit
einigermaßen gutem technischen Verständnis überblicken könnte, da hiervon erfahrungsgemäß beim Maschinenverkauf alles abhängt.

Nach den Erfahrungen bei Bildung ähnlicher I.-G. empfiehlt es
sich, anfangs nur wenige führende Firmen zu der Bildung der I.-G. heran-
zuziehen, durch diese die Rechtsform und die Vertragsform sorgfältig
und juristisch korrekt festzulegen und erst später kleineren Firmen entweder den Beitritt nahezulegen oder durch Ankauf, Beteiligung, Erwer-
bung der Aktienmehrheit, Einfluß auf sie zu gewinnen.

---

f) Gemeinschaft Deutscher Automobilfabriken.
Deutscher Automobil-Konzern.
Interessengemeinschaft Daimler-Benz.

In der deutschen Automobilindustrie treffen wir drei große
Zusammenschlüsse an, die sich zum Zwecke der unmittelbaren
Förderung der Produktion vor allem mittels Durchführung der Spezialisierung und Typisierung gebildet haben. Bei der „Gemeinschaft
Deutscher Automobilfabriken" und dem „Deutschen Automobil-Konzern" handelt es sich um Spezialisierungskartelle bezw. Spezialisierungsgemeinschaften. Beide Zusammenschlüsse bauen sich auf
v e r t r a g l i c h e r Grundlage auf; die angeschlossenen Fabriken behalten ihre fabrikatorische, finanzielle und verwaltungstechnische
Selbständigkeit.

Bei der „Interessengemeinschaft Daimler-Benz" handelt es sich dagegen um eine mehr finanzielle Bindung, allerdings unter Wahrung der Selbständigkeit beider Firmen. Am Ende dieses Abschnittes wird jedoch trotzdem eine kurze Zusammenfassung der Motive, die zum Abschluß dieses Interessengemeinschaftsvertrages drängten, gegeben, in Anbetracht der großen Uebereinstimmung in den Gründen, die zum Abschluß sowohl dieser Interessengemeinschaft wie der beiden vertraglichen Gemeinschaften geführt haben.

Die allen drei Zusammenschlüssen gemeinsamen Grundideen kommen in einer Ende 1919 vom Automobilfabrikanten Kommerzienrat Allmers in Bremen herausgegebenen Denkschrift „Was der Deutschen Automobilindustrie nottut" zum Ausdruck, die zugleich in selten klarer Weise die Vorteile horizontaler Zusammenschlüsse schildert. Allmers kommt in der Denkschrift zu folgenden Forderungen:

Jede Fabrik so wenig Typen wie möglich, diese aber in möglichst großen Serien, Herstellung mit Hilfe der besten modernsten Methoden, Aneignung der Methoden, in denen der Amerikaner uns überlegen ist, Hochhaltung der Güte unserer Erzeugnisse. Diese Ziele sind nur erreichbar durch Zusammenschluß der Automobilfabriken, entweder im Ganzen oder zu Gruppen, wobei jede Fabrik nur eine, höchstens zwei Typen baut.

Zugleich schlägt Allmers eine Organisation des gemeinsamen Verkaufs vor. Es gehe nicht mehr an, daß wie bis zum Kriege jeder Vertreter einer Fabrik von ihr möglichst alles verlange, um die sehr verschiedenen· Wünsche der Kundschaft befriedigen zu können. Es dürfe nicht mehr Vertreter einzelner Fabriken, sondern nur noch Vertreter von Vereinigungen von Fabriken geben. Die zusammengeschlossenen Fabriken hätten es dann nicht mehr nötig, in den Großstädten eine Reihe von teuren Filialen zu unterhalten; eine Filiale könne mehrere Fabriken mit Aufträgen versorgen. Rationellere spezialisierte Fabrikalien bedingen dann eine Verbilligung des Produkts, die Verringerung der Filialen und der Vertreter, Ersparnis an Arbeitskräften und der Verkaufsspesen.

Und die „Post" schrieb dazu: „Es [1] ist zu hoffen, daß es auf diese Weise der Automobilindustrie gelingt, die schweren Zeiten gut zu überstehen und zu Fabrikations- und Vertriebsverhältnissen

---

[1] „Post" vom 23. September 1919.

zu kommen, vermöge deren eine wesentlich r a t i o n e l l e r e und
b i l l i g e r e Fabrikation möglich ist, so daß sie nicht nur der
Konkurrenz der Amerikaner im Inlande begegnen, sondern auch
auf dem Weltmarkte bestehen können. Es ist anzunehmen, daß
das Beispiel der deutschen Automobilindustrie auch anderen Industrien in ähnlicher Lage Veranlassung zu ähnlichem Vorgehen
gibt. U n e n d l i c h v i e l i s t a u f d i e s e m W e g e f ü r d i e
d e u t s c h e V o l k s w i r t s c h a f t z u e r r e i c h e n".

In der **„Gemeinschaft Deutscher Automobilfabriken"**[1]) schlossen sich die „Nationale Automobil-Gesellschaft A.-G." in Berlin,
„Hansa-Lloyd-Werke A.-G." in Bremen, „Brennaborwerke" in
Brandenburg, „Hansa-Automobil- und Fahrzeugwerke A.-G." in
Varel/Oldenburg zu einem Spezialisierungskartell zusammen, in
dem neben der Spezialisierung die Typisierung und Normalisierung
durchgeführt wird.

Durch diesen Zusammenschluß haben zunächst die in freier
— vertraglicher — Gemeinschaft ihrer wirtschaftlichen Bestrebungen vereinigten Werke den Wettbewerb untereinander ausgeschaltet, andererseits durch strenge Sonderung in der Werkarbeit
in einer bisher in Deutschland nicht gekannten Weise eine muster-
gültige Spezialisierung und Typisierung durchgeführt. Man rückte
so energisch ab von dem in der deutschen Industrie — zum min-
desten in der Vorkriegszeit — beliebten Prinzip der Eigenbrötelei,
das seinen Anbetern vorzuschreiben schien, in einem mißverstandenen Konkurrenzkampfe möglichst vielgestaltige, den individuell-
sten, ausgefallensten Ansprüchen genügende Erzeugnisse auf den
Markt zu bringen, ohne Rücksicht darauf, daß dadurch der Pro-
duktions- und Absatzprozeß um ein bedeutendes erschwert und
verteuert wurde. Dieser deutsche Individualismus, der sich in
„Eigenbrötelei" und „Schrullenhaftigkeit" verkehrt, findet in Rathenau einen scharfen Kritiker, der in seiner Kritik nicht zuletzt die
vorkriegszeitlichen Verhältnisse in der deutschen Automobilindustrie
zeichnet: „ . . . Wir haben gesehen,[2]) daß die Kraft unserer Wirt-

---

[1]) Außer persönlichen Informationen dienten als Materialunterlage:
    S c h e i b l e r : „Die volkswirtschaftliche Bedeutung der Vereinheitlichungs-
bestrebungen in der deutschen Industrie". Dissertation Würzburg 1922.
    K a t z : „Die Rationalisierung der deutschen Fertigindustrie". Dissertation
Freiburg 1922.
[2]) R a t h e n a u : „Die neue Wirtschaft". S. 44.

schaft erheblich auf der A r b e i t s t e i l u n g , die Arbeitsteilung auf der Herstellung des G l e i c h a r t i g e n beruht. Dieser notwendigen Folge arbeitet der deutsche Arbeitsmarkt, mehr als irgend ein anderer, in bewußter Auflehnung entgegen. Wird ein chemisches Produkt in 90 prozentiger Reinheit geliefert, so wird es 80 prozentig verlangt. Ist eine Verpackung auf 100 kg eingerichtet, so wird sie zu 50 kg beliebt. Gibt es zehn-, zwölf- und fünfzehn-pferdige Motoren, so verlangt der Betriebsingenieur des Bestellers in selbstgewisser Ausübung seiner Sachverständigkeit einen elf-undeinhalbpferdigen und zwingt den minder willensstarken Fabrikanten, den neuen Typ zu schaffen, ungeachtet der Tausende von Arbeitsstunden, die der schrullige Einfall der nationalen Wirtschaft entzieht. Sind 1000 Umdrehungen üblich, so werden 900 gefordert, sitzt der Antrieb rechts, so muß er links sitzen . . ."

Durch die Ausschaltung der Konkurrenz und durch den Austausch der Erfahrungen, der Versuche auf den Prüffeldern und im praktischen Betriebe wie auch der konstruktiven Arbeiten, zersplittern sich in der „Gemeinschaft Deutscher Automobilfabriken" nicht mehr Kopf und Hand, Konstruktion und Herstellung in einer Unzahl einzelner Typen, sondern jedes der der Gemeinschaft angehörigen Werke schafft gleichgerichtet an der Herausbringung eines oder zweier Sonderfabrikate, die es leicht auf der Höhe des neuesten Standes der Technik zu halten vermag.

So stellt die „Nationale Automobil-Gesellschaft" ebenso wie die „Hansa-Lloyd-Werke" jede nur einen Personenwagen und einen Lastwagen her, während die „Hansa-Gesellschaft" und die „Brennabor-Werke" ihren Betrieb nur auf die Herstellung eines einzelnen Personenwagentyps spezialisierten. Hiermit wurde zum erstenmale in Deutschland eine Arbeitsweise im Automobilbau durchgeführt, die bisher nur in den Vereinigten Staaten von Amerika als dem typischen Lande wirtschaftlicher Neuerungen angewandt wurde.

Beantworten wir die Frage, ob eine derartige Sonderung und Typisierung des Fabrikates, wie sie in der eben geschilderten Arbeitsweise der vier zur „Gemeinschaft Deutscher Automobilfabriken" zusammengeschlossenen Werke zum Ausdruck gelangt, sich schließlich auch in einem erhöhten Absatz, vor allem ins Ausland, auswirkt, indem sie es vermag, die von den einzelnen Fabriken gelieferten Produkte für den Automarkt zu verbilligen, zugleich auch ihre Qualität zu heben, so ist festzustellen, daß die Möglichkeit hierfür vorhanden ist: Der rastlos weiterbauende Gedanke des Ingenieurs ist auf ein scharf begrenztes Ziel gerichtct. Er sucht Vervollkommnung des Fabrikats und der zu dessen Herstellung benötigten Anlagen. Die Geschicklichkeit des Werkmannes und die Genauigkeit seiner Arbeit erprobt und steigert sich, je länger er seine Aufgabe kennt. Und der Unternehmer, der nur den e i n e n Weg hat, auf dem er vor dem Wettbewerb der Konkurrenz und vor den Verbrauchern in Ehren bestehen kann, muß notwendig dafür sorgen, daß auch für den geringsten Teil des Fabrikates höchstwertige Urstoffe zur Verwendung kommen.

Durch die gemeinsame Verkaufsorganisation wird den Interessenten ein so umfassendes Programm und Auswahlfeld unterbreitet, daß seitens der Gemeinschaft jedem Verbraucherwunsche Rechnung getragen werden kann. Es ist natürlich Voraussetzung jeder derartigen Interessengemeinschaft, daß, wenn sie im In- und Auslande als Aussteller auftritt, sie ihre Produkte gemeinsam ausstellt und somit jede von normalen Verbraucherkreisen wünschbare Type durch einen dem Verbraucher bekannten und hochbewerteten Markenartikel seiner Gattung vertreten ist.

Durch die Anwendung der Normalien, wie sie naturgemäß bei einem derartigen Zusammenschluß Voraussetzung ist, hat auch die früher oft recht leidige Frage der Beschaffung von Ersatzteilen ihre Schrecken für den Verbraucher verloren. Hat der Käufer doch jetzt jederzeit die Möglichkeit, in kurzer Frist und mit geringer Mühe alle Ersatzteile vorzufinden.

Ein abschließendes Urteil von dem Gesichtspunkte aus, ob mit diesen Maßnahmen letzten Endes eine Steigerung unseres Exportes speziell hinsichtlich der Fabrikate der Automobilindustrie verbunden ist, ist in Anbetracht dessen, daß der Zusammenschluß zeitlich der neuesten Wirtschaftsepoche angehört, schwer zu fällen. Die bisher gezeitigten praktischen Ergebnisse dürften jedoch erkennen lassen, daß der Zusammenschluß großer und leistungsfähiger Automobilfabriken zu arbeitsteiliger Spezialisierung und Typisierung ihrer Fabrikate, zur gemeinsamen Nutzbarmachung ihrer technischen Erfahrungen und notwendigerweise auch zu einer einheitlichen Verkaufsorganisation sowohl vom Verbraucherstandpunkte im Inlande, als auch insbesondere vom Standpunkte der ausländischen Käufer, somit vom Standpunkte des Interesses unserer Gesamtwirtschaft nur günstig beurteilt werden kann.

Der **„Deutsche Automobil-Konzern"** ist entstanden, indem die „Dux-Automobilwerke A.-G.", die „J. D. Magirus A.-G.", die „Presto-Werke A.-G." und die „Voigtländische Maschinenfabrik A.-G." ein Abkommen trafen über eine zweckmäßige Abgrenzung der Fabrikationsprogramme, und indem sie gleichzeitig eine gemeinsame Vertriebsgesellschaft, den „Deutschen Automobil-Konzern G. m. b. H." gründeten, um im wesentlichen gleichfalls die eben geschilderten Maßnahmen der „Gemeinschaft Deutscher Automobilfabriken" durchzuführen. Die beteiligten Unternehmungen sind auch hier völlig selbständig geblieben und stehen sich innerhalb des Konzerns als gleichberechtigte Partner gegenüber.

Hinsichtlich des dritten Zusammenschlusses in der deutschen Automobilindustrie, der **„Interessengemeinschaft Daimler-Benz"** gab als Vorsitzender des Aufsichtsrates der „Benz & Co., Rhein. Automobil- und Motorenfabrik A.-G." in Mannheim Geheimrat B r o s i e n eine Zusammenfassung der Motive, die zum Abschluß des Interessengemeinschaftsvertrages mit der Daimler-A.-G. geführt haben. Der Vertrag, der eine Gewinnverteilung im Verhältnis des derzeitigen Stammkapitals von 600 bei Daimler und 346 bei Benz vorsieht, läuft bis zum 31. Dezember 2000 und garantiert die Selbständigkeit beider Firmen. Die Worte Brosiens bestätigen in überaus prägnanter Form die praktische Durchführbarkeit fast aller im grundsätzlich-theoretischen Teil der Arbeit erörterten produktionsfördernden Maßnahmen im Rahmen des horizontalen Zusammenschlusses:

„Fast[1] solange als die beiden ältesten und größten gleichartigen Fabriken Benz und Daimler bestehen, bestand nicht bloß in den Verwaltungen der Gesellschaften selbst, sondern auch außerhalb derselben die Ueberzeugung, daß ein gewisser Zusammenschluß der beiden Fabriken schon allein der Zusammenfassung der Kräfte wegen zweckmäßig und wünschenswert sei . . . . Der Zusammenschluß der Daimler- und Benz-A.-G. ist schon deshalb geboten, weil jede der Gesellschaften selbständig und unabhängig als erste Firma Deutschlands mit Weltruf dasteht. Sie sind im großen und ganzen ebenbürtig. Beide haben eine große Erzeugung, ihre Fabrikate sind nach allgemeiner Ansicht der Fachleute gleich einzuschätzen.

---

[1] „Kölnische Zeitung" vom 9. Mai 1924.

Durch den Zusammenschluß wird der gegenseitige Wettbewerb ausgeschaltet. Dadurch, daß die Gewinne in der Interessengemeinschaft vereinigt und nach einem Schlüssel wieder verteilt werden, fällt der Wettbewerb von selbst weg. Namentlich in den bisherigen Unterbetätigungen bei den Vertretern, Agenten usw. Die komplizierten Verkaufsorganisationen im In- und Auslande werden vereinfacht und daher verbilligt werden. Die Kosten für Reklame durch Beschickung von Rennen, durch Annoncieren usw. werden wesentlich ermäßigt werden. Dann aber — und das ist vielleicht das wichtigste — wird die Herstellung erleichtert und vereinfacht werden durch Reduzierung der Typen im allgemeinen und Verteilung der Typen an die einzelnen Fabriken zu größeren Serienfabrikationen. Hier wird eine wesentliche Verbilligung in der Herstellung eintreten und eine weitere Vervollkommnung der Herstellung durch Spezialisierung möglich sein. Es wird ein intimer Austausch von Erfahrungen und Kenntnissen eintreten, Patente, Muster usw. werden gegenseitig frei zur Verfügung gestellt werden. Ueber die Konstruktionen und Formen wird stets eine Verständigung stattfinden. Der Einkauf von Rohstoffen wird gemeinsam und natürlich besser und billiger erfolgen. Dadurch wird auch eine Vereinfachung in der Leitung von selbst eintreten. Auch hier wird sich diese durch den ganzen Verwaltungskörper hindurchziehen. Die gesamten Kräfte beider Parteien, die bisher gegeneinander in heftigem Wettbewerbkampfe gewirkt haben, werden nicht nur verdoppelt wirken für die Gemeinschaft, sondern ihre Wirkung wird sich nach jeder Richtung von selbst steigern. Die Interessengemeinschaft sieht für die Durchführung der festgelegten Prinzipien einen Arbeitsausschuß vor, der über den Verwaltungen steht."

---

g) Gemeinschaft deutscher E-Maschinenfabriken.

Dargestellt auf Grund:

I. der schriftlichen Aufzeichnungen und mündlichen Ausführungen des Geschäftsführers der Gemeinschaft,

II. des Spezialisierungsabkommens,

III. des Gesellschaftsvertrages der Gemeinschaft.

In der „Gemeinschaft deutscher E-Maschinenfabriken" schlossen sich alle Fabriken der E-Maschinenbranche eines größeren deutschen Wirtschaftsbezirkes auf vertraglicher Grundlage unter Wahrung der Selbständigkeit zu einem Spezialisierungskartell zusammen. Nachfolgende Darstellung fußt auf den Aufzeichnungen des Geschäftsführers der Gemeinschaft, ferner den abgeschlossenen Verträgen und Vereinbarungen.

I. Die auf Seite 80/86 zur Abschrift gebrachte „**Vertragsskizze**" (I) stammt aus dem Jahre 1921. Sie wurde entworfen als die örtlich nahe zusammenliegenden E-Maschinenfabriken noch in heftigem Konkurrenzkampfe untereinander standen, und diente als Verhandlungsunterlage für den Abschluß des „Spezialisierungsabkommens" und des „Gesellschaftsvertrages". Neben der Zusammenarbeit auf dem Gebiete der F a b r i k a t i o n sieht die „Vertragsskizze" eine solche auf dem Gebiete des V e r t r i e b s und des E i n k a u f s vor.

II. Das auf Seite 86/90 zur Abschrift gebrachte „**Spezialisierungs-Abkommen**" (II) wurde Dezember 1922 abgeschlossen. Es stellt in der Hauptsache ein g e m e i n s a m e s F a b r ik a t i o n s p r o g r a m m auf und läßt den Vertrieb den einzelnen Firmen bezw. regelt ihn in der in § 5 angegebenen Weise.

III. Der „**Gesellschaftsvertrag**" (III), dessen ersten beiden Paragraphen auf Seite 90 zur Abschrift gebracht werden, wurde im Mai 1923 abgeschlossen. Nach 5 Monaten verzichteten die Firmen also schon auf den Einzelvertrieb und schritten zur Gründung einer gemeinsamen V e r t r i e b s o r g a n i s a t i o n, der „Gemeinschaft deutscher E-Maschinenfabriken". Nach § 2 wird ferner die Gemeinschaftsarbeit auch auf den E i n k a u f ausgedehnt. Auf eine Wiedergabe der übrigen 16 Paragraphen des „Gesellschaftsvertrages" ist verzichtet worden, da er fast ausschließlich die juristische Seite des Zusammenschlusses zum Ausdruck bringt. Die hier interessierende wirtschaftliche Seite hat in dem „Spezialisierungsabkommen" (S. 86/90) schon ihren Niederschlag gefunden. Ferner kennzeichnen die Punkte 5—12 der „Vertragsskizze" (S. 82/84) das Wesen der errichteten Vertriebsgesellschaft hinlänglich.

I.

V e r t r a g s s k i z z e

der Produktionsgemeinschaft für ....

(Es sind nur die das Wesen der Produktionsgemeinschaft charakterisierenden Bestimmungen aufgeführt. Diese würden im endgültigen Vertrag noch durch eine Reihe mehr formeller Bestimmungen über Gesellschaftsversammlung, Stimmrecht, Zusammensetzung, Rechte und Pflichten des Aufsichtsrates usw. zu ergänzen sein.)

1. **Der Zweck des Unternehmens** ist:

a) die Durchführung der Spezialisierung und der Typisierung der Fabrikation,

b) der gemeinschaftliche Vertrieb der Erzeugnisse,

c) der gemeinschaftliche Einkauf von Rohstoffen, Halbfabrikaten,
Maschinen und anderem Bedarf,

d) der Austausch technischer Erfahrungen,

e) die Durchführung aller sonstigen Maßnahmen, die zur Steigerung der technischen und wirtschaftlichen Leistungsfähigkeit der beteiligten Werke und somit der gesamten
deutschen Volkswirtschaft dienen.

Die Gesellschaft kann den Erwerb von Unternehmungen zur Her-
stellung und zum Verkauf von .... vornehmen, sowie sich an solchen Unternehmungen beteiligen.

2. Das Stammkapital der Gesellschaft beträgt $\mathcal{M}$ ....
davon übernehmen:

A $\mathcal{M}$ ....

B $\mathcal{M}$ ....

C $\mathcal{M}$ ....

Anmerkung: Die Gesellschaft wird nur von den Unternehmungen als
solchen, nicht etwa von den einzelnen Teilhabern der Firmen geschlossen.

Die Stammeinlagen werden zweckmäßig nach dem durchschnitt-
lichen jährlichen Umsatz in den Vertragsartikeln während der Zeit
1. Juli 1912 bis 1914 und 1. Juli 1919 bis 1. Juli 1920 bemessen. Die
Zugrundelegung des Gewinns erscheint nicht angebracht, weil dieser
von den Firmen sehr verschieden errechnet wird.

Die Stammeinlagen sollen tunlichst im bestimmten Verhältnis zum
Umfange der Lieferungen jedes Gesellschafters stehen und sind erforder-
lichenfalls auf Beschluß der Gesellschafterversammlung entsprechend durch
Uebernahme eines weiteren Anteils zu vergrößern oder durch Abtretung
von Anteilsteilen zu verkleinern.

3. Die Organe der Gesellschaft sind:

a) die Geschäftsführer,

b) der Aufsichtsrat,

c) die Versammlung der Gesellschafter,

d) der technische Beirat,

e) das Schiedsgericht.

Pflichten der Gesellschafter.

4. Spezialisierung:

a) Die vertragsschließenden Firmen teilen das in Betracht kommende Arbeitsgebiet in folgender Weise unter sich auf:

Firma A erzeugt und liefert ....

Firma B erzeugt und liefert ....

Firma C erzeugt und liefert ....

b) jede Vertragsfirma verpflichtet sich, kein Erzeugnis herzustellen und zu liefern, das nach Vorstehendem einer anderen Vertragsfirma zugewiesen ist. Die Herstellung in Vorstehendem
nicht genannter Erzeugnisse steht den Firmen frei. Jedoch

darf hierdurch die Lieferungsverpflichtung gegenüber der Gesellschaft nicht beeinträchtigt werden.

Anmerkung: Gegen die Spezialisierung kann eingewendet werden, daß die Einschränkung des bisherigen Fabrikationsplanes eines Unternehmens auf einige wenige Erzeugnisse oder Typen w i r t s c h a f t - l i c h   g e f ä h r l i c h sei. Es ist zu beachten, daß jedes Unternehmen grundsätzlich nur auf solche Erzeugnisse verzichten soll, die es bisher infolge verhältnismäßig geringen Absatzes ohnehin nicht rationell herstellen konnte, die also in der Hauptsache mit Rücksicht auf die Kundschaft (große Auswahl) geführt wurden, an denen aber dem Unternehmen im Grunde nicht allzuviel gelegen war. Eine große Auswahl würde die Produktionsgemeinschaft als solche der Kundschaft bieten.

Bei der Spezialisierung ist anzustreben, daß gewisse Einzelteile der Verbandserzeugnisse genormt und von denjenigen Vertragsfirmen, die auf Massenanfertigung eingerichtet sind, für die anderen Gemeinschaftsfirmen mit hergestellt werden. Im Falle mangelhafter Beschäftigung haben die notleidenden Firmen einen Anspruch auf Beschäftigung in solchen genormten Teilen. Der Bezugspreis ist der Marktlage bezw. den Konkurrenzpreisen entsprechend zugemessen. Falls ein Marktpreis nicht besteht, sollen die Selbstkosten zuzüglich eines angemessenen Gewinnzuschlages verrechnet werden.

5. Lieferpflicht:

a) Die vertragsschließenden Firmen verpflichten sich, ihre gesamte Erzeugung in oben genannten Gegenständen ausschließlich der Gesellschaft zu liefern. Der Gesellschaft steht das Recht zu, sich durch einen Beauftragten jederzeit durch Einsichtnahme in die Bücher und Schriften der Gesellschafter davon zu vergewissern. Im Uebertretungsfalle zahlt der schuldige Gesellschafter an die Gesellschaft eine Konventionalstrafe bis zur Höhe der unerlaubt getätigten Geschäfte; Schadenersatzansprüche bleiben außerdem vorbehalten.

b) Die Lieferungen an die Gesellschaft haben in marktfähiger Ausführung zu konkurrenzfähigen Preisen zu erfolgen. Was im Streitfalle als marktfähig und konkurrenzfähig anzusprechen ist, entscheidet das vorgesehene Schiedsgericht.

6. Lieferverzug:

a) Kommt ein Gesellschafter seinen Lieferungsverpflichtungen gegen die Gesellschaft nicht nach, so kann der Aufsichtsrat (AR) die Geschäftsführer widerruflich ermächtigen, während des Verzuges die betreffenden Erzeugnisse von anderen Gesellschaftern oder von Nichtgesellschaftern einzukaufen. Schadenersatzforderung gegen den säumigen Gesellschafter bleibt vorbehalten.

b) Ist ein Gesellschafter infolge eigenen Verschuldens dauernd nicht in der Lage, die Anforderungen der Gesellschaft hinsichtlich Lieferung annähernd zu erfüllen, so kann die Gesellschafterversammlung auf Antrag des AR oder der Geschäftsführer den Säumigen seines Geschäftsanteils derartig verlustig erklären, daß der Anteil in das Vermögen der Gesellschaft übergeht.

c) Gesellschafter, welche durch Lieferung mangelhafter Erzeugnisse die Interessen der Gesellschaft oder der übrigen Gesellschafter gefährden, oder aus anderen Gründen schuldhafterweise in ihrer K o n - k u r r e n z f ä h i g k e i t weit hinter billigen Ansprüchen z u r ü c k - b l e i b e n , können auf Antrag der Geschäftsführer oder des AR oder von mindestens zwei Gesellschaftern durch Beschluß der Gesellschafterversammlung, der mit Dreiviertel-Mehrheit gefaßt sein muß, ihres Geschäftsanteils zu Gunsten der Gesellschaft für verlustig erklärt werden. Ansprüche auf Schadenersatz bleiben vorbehalten.

d) Die Gesellschafter sind im Falle des Lieferungsverzuges verpflichtet, einer Nachprüfung der Leistungsfähigkeit durch den AR bezw. den Technischen Beirat (TB) zuzustimmen. Diese Prüfung hat unter allen Umständen den Maßnahmen der Ziffern 6 b und c voranzugehen. Dem schuldigen Gesellschafter ist durch den TB ein eingehender V e r - b e s s e r u n g s v o r s c h l a g unter Stellung einer Frist zu übergeben, bis zu deren Ablauf die Mängel behoben sein müssen.

7. Liefervertrag:

Jede der vertragsschließenden Firmen verpflichtet sich, mit der Gesellschaft einen Liefervertrag abzuschließen.

8. Betriebserweiterung:

Die Gesellschafter verpflichten sich, ihre der Herstellung der Vertragsartikel dienenden Fabrikationseinrichtungen nicht ohne Genehmigung des AR über den bei Vertragsabschluß bestehenden Umfang hinaus zu erweitern. (Neubauten, maschinelle Erweiterung etc.).

Pflichten der Gesellschaft.

9. Abnahmepflicht:

Die Gesellschaft ist zur käuflichen Uebernahme der gesamten ihr zur Verfügung gestellten Erzeugung der Gesellschafter in den Vertragsartikeln verpflichtet. Die einzelnen Bestimmungen werden in besonderen K a u f v e r t r ä g e n gemäß Anlage festgelegt. Jeder Kaufvertrag unterliegt der Genehmigung des AR.

Anmerkung: Gegen das Bedenken, daß eine Firma von den Organen der Vertriebsgesellschaft bevorzugt wird, ist zu sagen: Höherer Gewinn einer einzelnen Firma kommt zu einem erheblichen Teil zunächst der Gesamtheit in Form von Rücklagen zugute und fließt den anderen Gesellschaftern zum Teil durch den Gewinnausgleich zu. (Ziffer 14.).

Unredlichkeiten werden sich immer sehr bald herausstellen.

Die Spezialisierung erschwert solche Machenschaften bezw. nimmt ihnen den Erfolg, da sich die Erzeugnisse der Gesellschafter keine Konkurrenz mehr machen, sondern erhöhter Absatz des einen Produktes den Absatz des anderen steigert.

10. Abnahmeverzug:

Bleibt die Gesellschaft mit ihren Verpflichtungen hinsichtlich Abnahme und Bezahlung gegenüber den Gesellschaftern trotz wiederholter

Anmahnung erheblich im Rückstand, so kann jeder Gesellschafter das Vertragsverhältnis mittels eingeschriebenen Briefes und mit mindestens vierteljährlicher Frist zum Schluß des laufenden Geschäftsjahres auflösen. Solchenfalls hat die Gesellschaft den Anteil des Kündigers selbst zu übernehmen und den Gegenwert zu vergüten, der sich aus der Bilanz unter Berücksichtigung der Dauer des Gesellschaftsverhältnisses ergibt.

11. Beschränkte Abnahme:

In Krisenzeiten kann die Gesellschafterversammlung auf Antrag der Geschäftsführer oder des AR mit einfacher Mehrheit beschließen, daß von der Erzeugung der Gesellschafter oder von Gruppen solcher nur eine bestimmte Quote abgenommen wird. Die Quote darf aber nicht unter 50 % der beim Vertragsabschluß bestehenden Erzeugungsmöglichkeit heruntergehen. Es steht den betroffenen Gesellschaftern in diesem Falle und so lange frei, für den Rest ihrer Erzeugnisse auch außerhalb der Gesellschaft Abnehmer zu suchen.

12. Aenderung der Verkaufsmöglichkeit:

Sollte die Verkaufsmöglichkeit eines nach Ziffer 4 übernommenen Gegenstandes so ungünstig werden, daß die Rentabilität des betreffenden Werkes in Frage gestellt wird, so kann das Werk verlangen, daß entweder die Erlaubnis der anderen Gesellschafter zur Umstellung auf ein anderes Erzeugnis erteilt wird, oder, sofern eine Einigung oder eine andere Regelung nicht möglich ist, kann der Austritt aus der Gesellschaft gemäß Ziffer 10 erfolgen.

13. Verkaufsberichte und Statistik:

a) Jedem Gesellschafter ist allmonatlich eine Aufstellung einzureichen, aus der er ersieht, welche seiner Erzeugnisse und an welche Abnehmer von der Gesellschaft abgeliefert wurden.

b) Mit dem Geschäftsbericht soll zur vertraulichen Verwendung für die Gesellschafter eine Absatzstatistik vorgelegt werden, aus der die Gesellschafter den Vergleich des Umsatzes in ihren Erzeugnissen und den Umfang des Handels mit fremden Erzeugnissen wie überhaupt die Tätigkeit und den Erfolg der Unternehmungen ersehen können.

14. Gewinnverteilung:

Der nach der Bilanz sich ergebende Reingewinn wird wie folgt verteilt:

a) 5 % erhält der ordentliche Reservefonds, bis er 50 % des Stammkapitals erreicht hat. Dieser Fonds ist nur zur Deckung etwaiger Unterbilanzen bestimmt.

b) 15 % erhält der Reservefonds 2 (siehe Anmerkung).

c) darauf erhalten die Gesellschafter eine Dividende bis zu 6 % der Geschäftsanteile.

d) von dem Ueberschuß erhalten der AR eine Tantieme von 10 %
und die Geschäftsführer die vertragsmäßig festgelegten Anteile.

e) von dem Rest werden .... % an die Gesellschafter im Ver-
hältnis ihrer Lieferungen zurückgezahlt, das übrige steht zur
Verfügung der Gesellschafterversammlung, welche mit einfacher
Mehrheit über die Verwendung beschließt.

Anmerkung: Bei jedem Gemeinschaftsunternehmen, wie ein solches
auch hier vorliegt, ist es unbedingt notwendig, das Interesse jedes einzelnen Beteiligten an der Gesamtunternehmung möglichst groß zu machen
und eine möglichst enge Interessengemeinschaft zu schaffen, weil an-
derenfalls erfahrungsgemäß durch allzustarkes Sonderinteresse Zwie-
spältigkeiten entstehen und die Gemeinschaftsarbeit beeinträchtigt wird.

Ein möglichst starkes Gesamtinteresse und gegenseitige Interessennahme kann erreicht werden und ist bei ähnlichen Organisationen, z. B.
Genossenschaften, erfahrungsgemäß erreicht worden durch Bildung möglichst großen Eigenkapitals der Gemeinschaft. Daher der Vorschlag einer
großen Rücklage. (Reservefonds 2.) Diese Rücklage kann u. a. vorteilhaft Verwendung finden zum Erwerb oder zur Beteiligung an einschlägigen Unternehmungen, z. B. Lieferung von Rohstoffen, Halbfabrikaten, Hilfsteilen usw.

Durch die vorgeschlagene Art der Gewinnverteilung zum Teil im
Verhältnis der Stammteile, zum Teil im Verhältnis der Lieferungen
wird erreicht, daß jeder Beteiligte eine gewisse Gewähr dafür hat,
auf seinen früheren Gewinn zu kommen, und daß besondere Rührig-
keit, die in einer hohen Liefermenge zum Ausdruck kommt, entsprechenden Ausgleich erhält. Es ist dadurch vorgesorgt, daß sich nicht sogenannte K o n v e n t i o n s r e n t n e r bilden, die auf Kosten der anderen
mangelhaft liefern, und daß andererseits nicht die E n t w i c k l u n g und
der t e c h n i s c h e F o r t s c h r i t t der einzelnen Firmen u n t e r b u n d e n
wird.

15. Der Technische Beirat.

Dem AR steht zur Erledigung der technischen Fragen ein Technischer Beirat (TB) zur Seite. Der TB besteht aus je einem Vertreter
der vertragsschließenden Firmen und der Verkaufsstelle. Die Vertreter
können Ingenieure, Kaufleute oder sonstige sachverständige Persönlich-
keiten sein und können je nach dem vorliegenden Verhandlungsgegen-
stande wechseln.

Der TB wählt aus seiner Mitte einen Obmann, der die Geschäfte
des TB führt, seine Sitzungen einberuft und leitet.

Der TB hat die Aufgabe, für möglichste V e r v o l l k o m m n u n g
der Vertragserzeugnisse in Konstruktion, geschmacklicher Hinsicht, r a -
t i o n e l l e r F a b r i k a t i o n und Menge zu sorgen, einen E r f a h -
r u n g s a u s t a u s c h zwischen den vertragsschließenden Firmen herbeizuführen etc.

Insbesondere hat er folgende Obliegenheiten:

1. möglichst weitgehende Normung und Typung der Gemeinschafts-
erzeugnisse und Durchführung der Reihen- und Massenfabri-
kation.

2. Der TB soll dahin wirken, daß Teile, die von einer Vertragsfirma in größeren Mengen hergestellt werden (genormte Teile),
nach Möglichkeit auch bei Erzeugnissen der anderen Vertragsschließenden Verwendung finden. Diese Teile müssen den Ansprüchen an werkgerechte und geschmackvolle Form und Ausführung entsprechen.

3. Der TB soll Vorschläge für gerechten und guten Arbeitsaus-
gleich machen.

4. Er soll eine einheitliche Selbstkostenrechnung für alle Vertragsfirmen ausarbeiten.

5. Desgleichen einheitliche technische Lieferbedingungen (Garantie-
leistung).

6. Der TB hat die bei der Gesellschaft eingehenden, die Ausführungen gelieferter Waren in wesentlichen Dingen betreffenden Beanstandungen zur Prüfung und Abhilfemaßnahmen vor-
zuschlagen.

Anmerkung: Zu Ziffer 15: Dem TB ist, da ein Hauptzweck der
Gemeinschaft der technische Fortschritt und die Verbesserung und Verbilligung der Produktion ist, größte Bedeutung beizumessen. Er muß aus den besten Sachverständigen der beteiligten Firmen bestehen. Unter Umständen kann es vorteilhaft sein,
auch außenstehende Sachverständige zu beteiligen, besonders wenn es
auf ein unabhängiges neutrales Urteil ankommt, wie z. B. bei Vorschlägen
für die Verbesserung der Fabrikation eines Gesellschafters oder bei
der Prüfung von Beschwerden. Der TB ist gewissermaßen der Trä-
ger des produktionstechnischen Fortschritts innerhalb der Gemeinschaft. Es dürfte sich empfehlen, ihm weitgehende
Rechte und Vollmachten zu erteilen, z. B. zu bestimmen, daß Beschlüsse, die er mit qualifizierter Mehrheit faßt, durchgeführt werden
müssen. Das kann umso unbedenklicher geschehen, als eine aus technischen und kaufmännischen Sachverständigen zusammengesetzte Kör-
perschaft erfahrungsgemäß die rein sachlichen Gesichtspunkte voran-
stellt und sich weniger von geschäftspolitischen Gesichtspunkten, die
nicht immer sachlich begründet sind, leiten läßt. Der TB kann deshalb auch
bei geschäftlichen Differenzen ausgleichend und beruhigend wirken.

Die dem TB zugewiesenen Aufgaben können auf die vorgeschlagene
Weise jedenfalls am besten gelöst werden.

II.

Die Hauptbestimmungen im **Spezialisierungs-Abkommen** lauten:

§ 1.

Die Vertragsschließenden wollen in freundschaftlichem Zusammen-
wirken und durch Austausch ihrer Erfahrungen und Organisationen jeden
Wettbewerb unter sich in der Fabrikation und in dem Vertrieb von E-Maschinen ausschalten und darüber hinaus sich im
Wirtschaftskampfe jede mögliche Hilfe leisten.

§ 2.

Zur Erreichung dieses Zweckes lassen die Vertragsschließenden ihr bisheriges Fabrikationsprogramm von E-Maschinen mit sämtlichen Zubehör- und Sondereinrichtungen fallen und stellen ein neues g e m e i n - s a m e s F a b r i k a t i o n s p r o g r a m m auf. (Anlage 1.)

§ 3.

Die Fabrikation anderer Größen von E-Maschinen nebst Zubehör usw., als wie jeder einzelnen Firma laut § 2 zugesprochen ist, ist den Vertragsschließenden vertraglich untersagt. Es darf kein Vertragsschlie-ßender eine andere Maschinenart usw. nebenher fabrizieren, die als Konkurrenz zu dem gemeinsamen Programm anzusehen ist. Diejenigen Vertragsschließenden, die bei Abschluß des Vertrages bereits andere Maschinen als E-Maschinen bauen, dürfen solche auch für die Zukunft herstellen. Die Neuaufnahme der Fabrikation anderer Maschinen bedarf der Zustimmung der Vertragsschließenden.

§ 4.

Jedem Vertragsschließenden ist es ferner u n t e r s a g t , sich direkt oder indirekt a n a n d e r e n U n t e r n e h m u n g e n z u b e t e i l i g e n oder solchen Vorschub zu leisten, die E-Maschinen herstellen, wie sich überhaupt jede der vertragsschließenden Firmen jedweder Maßnahme zu enthalten hat, die in irgendwelcher Art dem Zwecke des Abkommens zuwiderläuft.

§ 5.

Für sämtliche nach § 2 zu fabrizierenden Maschinen werden von der herstellenden Firma M i n d e s t p r e i s e festgesetzt. Die Vertrags-schließenden sind verpflichtet, sämtliche Maschinen des Programms nicht unter diesen Mindestpreisen anzubieten und zu verkaufen. Eine Aus-nahme hiervon bedingt Vereinbarung zwischen den Vertragsschließenden. Erzielte Ueberpreise gehen zu gleichen Teilen zu Gunsten der herstellen-den und der verkaufenden Firma. Die Vertragsschließenden vereinbaren, sich gegenseitig die jeweilig n i e d r i g s t e n V e r k a u f s p r e i s e und g ü n s t i g s t e n B e d i n g u n g e n zuzugestehen. Auf diese Preise werden für alle Lieferungen zwischen den Vertragsschließenden, die nach dem Umsatzsteuergesetz als Inlandgeschäfte anzusehen sind, 5 % Pro-vision vom Nettowert der Maschinen nebst Zubehör von der Hersteller-firma an die verkaufende Firma gewährt. Diese fünf Prozent werden nicht an den Rechnungen gekürzt, sondern zunächst durch Gutschrift gesammelt. Nach Ablauf einer vereinbarten Frist wird gemeinschaftlich über die Verwendung des gesammelten Betrages beschlossen. Grund-satz bei Verwendung dieses Fonds soll sein, für Benachteiligungen, die sich aus der Vertragserfüllung für Vertragsschließende ergeben, einen billigen Ausgleich zu schaffen. Sollte allseitige Zustimmung über die Verwendung des Fonds nicht erzielt werden, so sind die buchmäßig geschuldeten Beträge gegenseitig abzuführen. Es muß alsdann eine neue

Vereinbarung wegen der 5 % Provision und deren Verwendung für die Zukunft getroffen werden.

Die Auslandvertreter sind vertraglich verpflichtet, die Maschinen auf den Namen des jeweiligen Herstellers zu verkaufen. Wenn Lieferungen auf ausdrücklichen Wunsch der Auslandskundschaft trotzdem durch einen bestimmten Vertragsschließenden erfolgen sollen, so geschieht die Lieferung ohne Provision zwischen den Vertragsschließenden. Inland- und Auslandgeschäfte kennzeichnen sich durch die Bestimmungen des Umsatzsteuergesetzes.

Ein unmittelbares Rechtsverhältnis besteht nur zwischen dem Besteller und dem den Auftrag diesem gegenüber ausführenden Vertragsschließenden.

§ 6.

Von den bisher gebauten und nach § 2 für die Zukunft ausfallenden Maschinen sind die Bestände ermittelt. Es ist untersagt, diese Bestände nach dem .... noch anzubieten.

§ 7.

Die Vertragsschließenden verständigen ihre Kundschaft durch gemeinsames Rundschreiben von der Vornahme ihres gemeinsamen Arbeitsprogrammes.

Sie betreiben die gesamte E-Maschinen-Reklame gemeinsam und unter Aufbringung der Kosten zu gleichen Teilen.

Es ist ein Musterschutz vorhanden, der gemeinschaftliches Eigentum zur Gesamthand der Vertragsschließenden wird, ebenso sollen alle zukünftigen Patentrechte, zukünftiger Musterschutz und sonstige Schutzrechte gemeinschaftliches Eigentum aller Vertragsschließenden zur gesamten Hand werden, so daß auch die Verwaltung und Verwertung dieser Schutzrechte nur gemeinschaftlich und einstimmig erfolgen kann.

Lizenzen sind ebenfalls nur gemeinsam zu vergeben und zu nehmen.

Die bisher benutzten privaten Warenzeichen fallen fort und werden ersetzt durch das fortan allseitig zu führende Warenzeichen.

§ 8.

Durch inniges Zusammenarbeiten zwischen den Vertragsschließenden und ihren Mitarbeitern soll erstrebt werden, die Fabrikate hinsichtlich Konstruktion, Formengestaltung und Ausführung stets auf führender Höhe zu halten, sowie durch rationelle Fabrikation, hohe Produktionen bei günstigen Gestehungskosten zu erreichen. Insbesondere soll zu diesem Zweck unter allem anderen Geeigneten beitragen:

a) regelmäßige gegenseitige Betriebsbesichtigung unter Hinzuziehung der technischen Leitung bis zum Abteilungsmeister,

b) ständige Zusammenarbeit bei der Festlegung aller konstruktiven Einzelheiten für die Maschinen und Fabrikationsvorrichtungen,

c) fortschreitende Normung und Typisierung gleichartiger Maschinenelemente und deren Herstellung in Massen, möglichst durch einen Vertragsschließenden,

d) Ermittlung rationellster Fabrikationsmethoden durch Vergleiche über Arbeitsweise, Arbeitszeiten und Material,

e) Ausarbeitung von Grundlagen für einheitliches System in der Selbstkostenrechnung,

f) gemeinschaftlicher Einkauf von Material, Maschinen und Werkzeugen.

§ 9.

Vertreter- und Anstellungsverträge sowie alle für die Verkaufstätigkeit in Betracht kommenden Schriftstücke sollen für die Vertragsschließenden gleichlautend abgefaßt sein; die Vertreterfrage soll gemeinsam behandelt und es sollen gemeinsame Vertreter eingestellt werden. Wo dies zunächst nicht möglich ist, sollen die Verhältnisse der einzelnen Vertreter zueinander so gestellt werden, daß Reibungen zwischen den Vertretern nicht auftreten.

§ 10.

Die Vertragsschließenden verpflichten sich, Beamte, Meister und Arbeiter des anderen Teils nicht oder nur nach vorheriger Verständigung einzustellen.

§ 11.

Dieser Vertrag wird auf 5 Jahre abgeschlossen. Sofern nicht spätestens ein Jahr vor Ablauf dieser fünfjährigen Frist von seiten eines Gesellschafters mittels eingeschriebenen, an die Vertragsschließenden zu richtenden Briefes gekündigt wird, läuft der Vertrag auf zwei Jahre weiter und verlängert sich auf diese Weise von zwei zu zwei Jahren, wenn nicht spätestens ein Jahr vor Ablauf der jeweilig letzten Vertragsdauer in vorgenannter Weise gekündigt wird. Alle Vertragsangelegenheiten sollen in Gesellschafterversammlungen erledigt werden, die jeder Gesellschafter schriftlich einberufen kann. In diesen Versammlungen hat jeder Gesellschafter eine Stimme; es können aber auch schriftliche Abstimmungen herbeigeführt werden, sofern jeder Gesellschafter seine Stimme abgibt.

Alle Beschlüsse der Gesellschafter, insbesondere Abänderungen und Ergänzungen des Vertrages, können nur einstimmig gefaßt werden. Ueber alle Beschlüsse ist ein Protokoll aufzunehmen und von allen Vertragsschließenden zu unterzeichnen.

§ 12.

Für den Fall einer Vertragsverletzung durch Unterschreitung der Mindestpreise oder Verletzung der Konstruktionsvereinbarungen oder durch sonstiges Entgegenhandeln gegen Zweck und Sinn des Vertrages ist eine an jeden der anderen Vertragsschließenden zu zahlende Ver - t r a g s s t r a f e von .... Mark vorgesehen, mit der ausdrücklichen Vereinbarung, daß es für die, die Vertragsstrafe erhaltenden Vertragsschließenden eines besonderen Schadennachweises nicht bedarf, unbeschadet der Ansprüche aus nachgewiesener Schädigung, die außerdem vergütet werden müssen.

Beteiligt sich ein Vertragsschließender direkt oder indirekt an Konkurrenzfabriken, so ist er vertraglich verpflichtet, an jeden der anderen Vertragsschließenden eine K o n v e n t i o n a l s t r a f e von .... Mark zu zahlen. Die Feststellung eines solchen Straffalles berechtigt außerdem die übrigen Vertragsschließenden, mit sofortiger Wirkung den Rücktritt vom Vertrage zu erklären, der sich damit auflöst.

§ 13.

Bei Ablauf des Vertrages oder Rücktritt vom Vertrage gemäß § 12 sind die Vertragsschließenden von allen Abmachungen entbunden. Die buchmäßig geschuldeten Provisionsbeträge sind auszuzahlen, Verträge Dritten gegenüber ordnungsmäßig und tunlichst schnell abzuwickeln. Liquidationskosten sind gemeinsam zu gleichen Teilen zu tragen, Patente und Musterschutz dürfen weiter von allen Vertragsschließenden ausgenutzt werden, unter Aufbringung der Kosten zu gleichen Teilen für die Ausnutzenden. Die Benutzung des gemeinsamen Warenzeichens steht allen Vertragsschließenden für die Zukunft frei.

III.

Die ersten beiden Paragraphen im **Gesellschaftsvertrag** lauten:

§ 1.

Die durch uns vertretenen Firmen errichten eine Gesellschaft mit beschränkter Haftung unter der Firma:

„Gemeinschaft deutscher E-Maschinenfabriken, Gesellschaft mit beschränkter Haftung."

Die Gesellschaft hat ihren Sitz in ______________________________

§ 2.

Gegenstand des Unternehmens ist die Wahrnehmung der gemeinschaftlichen wirtschaftlichen Interessen der Gesellschafter, speziell die D u r c h f ü h r u n g des vereinbarten F a b r i k a t i o n s p r o g r a m m s, der V e r t r i e b der Fabrikate der Gesellschafter nebst Zubehörteilen und einschlägiger fremder Erzeugnisse, der gemeinsame E i n k a u f von Rohmaterialien.

Mündlich faßte der Geschäftsführer der Gemeinschaft die mit dem Zusammenschluß gemachten praktischen Erfahrungen während des ....jährigen Bestehens dahin zusammen, daß die allgemeine wirtschaftliche Lage während dieser Zeit die positiven Auswirkungen in Gestalt eines erhöhten Gewinnes weniger in die Erscheinung hätte treten lassen. Die Vermeidung schwerer wirtschaftlicher Schädigungen, ja des Zusammenbruches einzelner Firmen als Folge der Zersplitterung in Vertrieb und Herstellung und bei dieser wieder in unzählig verschiedene Typen sei dagegen lediglich auf das Konto der Gemeinschaft zu setzen.

So habe sich in der Herstellung durch den Zusammenschluß eine Verbilligung von 50 % gegenüber der Vorkriegszeit ergeben unter gleichzeitiger Hebung der Qualität auf eine derartige Höhe, daß die Ansprüche mancher Abnehmerländer auf dem Weltmarkte mehr als befriedigt seien.

Der auf das Produkt entfallende Prozentanteil an Vertriebsspesen sank von 16 % auf 8 %—6 %. Eine über ganz Deutschland ausgedehnte Vertriebsorganisation ist auf dem Wege dazu, den Handel ganz auszuschalten und die direkte Verbindung vom Produzenten zum Konsumenten herzustellen. Dabei gelang es der Vertriebsgesellschaft, den Absatz der durch die durchgeführte Spezialisierung verbesserten und verbilligten E-Maschinen auf eine solche Höhe zu bringen, daß die Gemeinschaft vor dem Abschluß eines Interessengemeinschaftsvertrages mit der in einem andern Teil Deutschlands befindlichen Konkurrenz steht. Diese sehr bedeutenden Werke hatten bisher in den Sitzungen des allgemeinen Fachverbandes, der alle deutschen E-Maschinenfabriken umfaßt, einer Verständigung mit den ......deutschen Fabriken immer ablehnend gegenübergestanden. Der auf das Produkt entfallende Frachtanteil von zirka 12 % hatte ihnen bisher eine monopolähnliche Stellung in ihrem Distrikt gewährt. Wie ein ins Wasser geworfener Stein aber immer weitere Kreise um sich zieht, so hatte die durch den Zusammenschluß der deutschen E-Maschinenfabriken erzielte Verbilligung und dadurch mögliche Vergrößerung des Absatzradius das Einlenken der Konkurrenzwerke zur Folge. Ein Gebietskartell wird voaussichtlich die .... und ....deutschen Werke zusammenfassen und die Absatzgebiete abgrenzen.

So hat die „Gemeinschaft deutscher E-Maschinenfabriken" die Produktion gefördert durch eine Verbesserung und Verbilligung in der Fabrikation, durch Schaffung der Voraussetzungen für einen möglichst reibungslosen Ablauf des Marktprozesses. Mit berechtigtem Stolz beantwortete der Geschäftsführer der Gemeinschaft die Frage nach ihrer Bedeutung in der Branche: „Sie trägt und wird weiter dazu beitragen, die Rationalität in der Branche zu heben, ja, sie bedeutet, wenn auch einen noch so kleinen Schritt in der Entwicklung auf einen p l a n wirtschaftlichen Ablauf unserer Gesamtwirtschaft".

Schluß.

Durch die möglichst bis in die Einzelheiten gehende Darstellung von Zusammenschlüssen im letzten Teil der Arbeit hofft Verfasser ein Bild gegeben zu haben von den unendlich mannigfaltigen Möglichkeiten der unmittelbaren Förderung der Produktion, die auf dem Gebiete der h o r i z o n t a l e n Konzentration, speziell auf dem des v e r t r a g l i c h e n Zusammenschlusses in K a r t e l l e n, vorhanden sind. Es ist damit hoffentlich die zu Anfang der Untersuchung in der Kartellbewegung festgestellte neue Entwicklungsrichtung klar herausgeschält, die eine hervorragende Beteiligung der Kartelle an der Lösung der Wirtschaftsprobleme unserer Zeit verbürgt und die Kartellbewegung b e w u ß t hineinstellt als Organisationsfaktor unserer ganzen Volkswirtschaft in Richtung einer umfassenden Produktivitätssteigerung.

Diese Entwicklung sieht D e r n b u r g abgeschlossen, wenn die Kartelle unter Erfassung aller in ihnen ruhenden Kräfte zu den fortgeschrittenen Wirtschaftsformen werden, die dahin wirken, „durch[1]) R a t i o n a l i s i e r u n g, S p e z i a l i s i e r u n g, Ausschaltung mindertüchtiger Glieder, durch S t i l l e g u n g und Befriedigung der Ansprüche Stillgelegter die Produktion so zu kontingentieren und vom Urstoff bis zum Fertigfabrikat so durchzuführen, daß mit dem Minimum an Aufwand, an Arbeitskräften und Transportmitteln und dem Maximum an arbeitssparender Maschinerie ein Produkt entsteht, das im Inlande b i l l i g zu stehen kommt und im A u s l a n d e K o n k u r r e n z e r l a u b t“.

Die gezeichneten Zusammenschlüsse dürften, wenn natürlich auch nicht eine Uebereinstimmung in allen Einzelheiten, so doch eine mehr oder minder starke Betonung der Grundideen des von Dernburg gezeichneten I d e a l kartells erkennen lassen.

---

[1]) Vergl. Diskussion zu L i e f m a n n s Vortrag: „Kartelle in und nach dem Kriege“.

In ganz außerordentlich schnellem Tempo hat sich die Entwicklung in der Kartellbewegung, neben der Markt- in erhöhtem Maße auch die P r o d u k t i o n s politik in den Aufgabenkreis einzubeziehen, im deutschen Maschinenbau vollzogen. Noch vor sechs Jahren konnte sich P o l y s i u s in seiner erschöpfenden Abhandlung über die „Verbandsbestrebungen im Deutschen Maschinenbau“ in nur wenigen Seiten mit dieser neuen Entwicklungsrichtung auseinandersetzen, die „nach [1]) Ansicht vieler Fachleute von hervorragender Bedeutung für die Wiedererstarkung unserer Industrie, für die Wettbewerbsfähigkeit des deutschen Maschinenbaues und damit für den Wiederaufbau unseres Wirtschaftslebens werden kann“. Denn: „Ein Urteil könnte heute noch kaum gefällt werden, da die erwähnten Gründungen dieser Art e r s t z u k u r z e Zeit bestehen“. Die Entwicklung, die sich also vor sechs Jahren noch im Stadium des Anfanges und des Suchens befand, hat inzwischen im deutschen Maschinenbau wie darüber hinaus in der gesamten Industrie in den mannigfaltigsten Formen Gestalt angenommen.

Die Gründe hierfür liegen in der Erkenntnis der in der industriellen Verbandsbewegung ruhenden Kräfte und ihrer b e w u ß t e n F ö r d e r u n g durch die dazu berufenen Organisationen des deutschen Maschinenbaues. Ein Bild hiervon gibt u. a. der Vortrag Dipl.-Ing. S e c k’s, Leiter der Fachverbandsabteilung des Vereins Deutscher Maschinenbau-Anstalten über „die neuen Aufgaben der Fachverbände des deutschen Maschinenbaues“, und die Rundfrage der „Verbandsgeschäftsstelle X“: In der Rundfrage kommt besonders klar zum Ausdruck die Durchdrungenheit der Wirtschaft von der Notwendigkeit, Mittel und Wege zu finden, Produktions- und Absatzprozeß zu rationalisieren durch ein Hineinstellen der industriellen Zusammenschlußformen als Organisationsfaktor unserer gesamten Volkswirtschaft.

Die seitens der Industrie vorhandene Erkenntnis von der Bedeutung der neuen Entwicklung, durch geeigneten Ausbau der Kartellorganisation die Produktion zu verbessern und zu verbilligen, entnahm Verfasser ferner dem ihm bei der Materialzusammenstellung gezeigten weitgehenden Entgegenkommen und der Bereitwilligkeit, der wissenschaftlichen Bearbeitung das auf diesem

---

[1]) P o l y s i u s: „Verbandsbestrebungen im Deutschen Maschinenbau“, S. 119.

Gebiet vorhandene Material und die darauf bis heute geleistete praktische Arbeit zugängig zu machen.

Dabei begegnete Verfasser von den verschiedensten Seiten dem Wunsche nach einer systematischen Zusammenstellung aller von den Verbänden auf diesem Gebiete schon geleisteten Arbeit. Diesem Umstande verdankt der nachfolgend zur Abschrift gebrachte, als Rundfrage an alle deutschen wirtschaftlichen Verbände gedachte Entwurf seine Entstehung (siehe Anlage). Eine Beantwortung würde es möglich machen, die von den deutschen Kartellen bis heute auf dem Gebiete unmittelbarer Produktionsförderung geleistete Arbeit systematisch zu erfassen. Die Industrie würde sich dadurch selbst das Instrument der Abwehr schmieden zur Entkräftung der heute lauter denn je gegen die Kartelle erhobenen Anklagen, um dadurch aufs wirksamste beizutragen, die wirtschaftspolitische Einstellung des Staates den Kartellen gegenüber in richtige Bahnen zu lenken.

Eine Beantwortung käme vor allem auch dem Bedürfnis der Industrie entgegen, die bereits bestehenden Einrichtungen dieser Art, ihre Arbeitsweise, ihre Entwicklung, ihre Erfahrungen und Erfolge kennen zu lernen, um einen Anhalt für die eigene Arbeit zu haben und unzweckmäßige Maßnahmen und unnötige Kosten zu vermeiden, überhaupt Blickpunkte kartellpolitischen Vorgehens auf dem Gebiete direkter Produktionsförderung zu gewinnen.

Im Rahmen vorliegender Untersuchung solche Blickpunkte in kleinem Ausmaße eröffnet und dadurch vielleicht sogar zur Anregung einer allgemeinen Rundfrage durch die dazu berufenen Organisationen mit beigetragen zu haben, entspräche dem Zwecke dieser Schrift.

Anlage!

Entwurf zu einer Rundfrage

über:

Maßnahmen und Einrichtungen der wirtschaftlichen Verbände zur Verbesserung und Verbilligung der Produktion.

An die deutschen wirtschaftlichen Verbände.

Betrifft: Maßnahmen und Einrichtungen der
wirtschaftlichen Verbände zur Verbesserung und Verbilligung der Produktion.

Der Sturmlauf gegen Kartelle und Trusts und die während der
letzten Jahre in der breitesten Oeffentlichkeit ausgefochtenen Angriffe
welche ihren Niederschlag bereits in entsprechenden Regierungsverordnungen fanden, machen es zur Notwendigkeit, daß die kartellierte Industrie aus der nach guter alter Tradition geübten vornehmen Zurückhaltung heraustritt. Es gilt der außerordentlich weit verbreiteten Ansicht entgegenzutreten, daß die Kartelle nur Interessen- und Preispolitik
betrieben und nichts oder wenig für die sachliche Förderung der Produktion täten, überhaupt schon eine überlebte Wirtschaftsorganisation
darstellten. Ferner wäre zu betonen, daß die Kartellbewegung als Produkt einer organischen Entwicklung auch heute noch als Organisationsfaktor unserer Volkswirtschaft von entscheidender Wichtigkeit

zu werten ist und eine falsche staatliche Einstellung den
Kartellen gegenüber, resultierend aus der unrichtigen Beurteilung
ihrer Bedeutung, sich auf die Gesamtwirtschaft in verhängnisvollster Weise auswirken muß.

Zu diesem Zwecke wäre am besten aus der Industrie selbst
heraus das Beweismaterial zu stellen, um einerseits erhobene Anklagen zu
entkräften, andererseits die wirtschaftspolitische Einstellung des Staates
den Kartellen gegenüber in richtige Bahnen zu lenken.

Allgemein bekannt und von den Verbänden nicht anzugeben
sind alle die Maßnahmen, welche die unter dem Zwecke der Kartelle
schlechthin bekannte eigentliche Tätigkeit auf dem absatztechnischen
Gebiete nach sich zieht (z. B.: Maßnahmen auf dem Gebiete der Preispolitik, Lieferungsbedingungen, Eindämmung des übermäßigen Wettbewerbs . . . usw.).

Wenig an die Oeffentlichkeit gedrungen und dementsprechend bei
der allgemeinen Beurteilung der Kartelle nicht auf ihr Aktivkonto
gebucht sind dagegen die von vielen Verbänden schon seit Jahren — in
kleinem Umfange auch schon vor dem Kriege — angewandten Maßnahmen unmittelbarer Produktionsförderung auf dem produktionstechnischen Gebiete.

Von Maßnahmen dieser Art — wenn vielfach auch noch im Stadium des Ansatzes — werden viele Fachverbände berichten können.
Mögen sie im einzelnen auch unscheinbar und nicht von großer Bedeutung erscheinen, in einer geschlossenen Zusammenfassung geben sie
ein eindringliches beredtes Bild von den unendlich mannigfaltigen, der
Allgemeinheit noch völlig unbekannten Aufgaben, an deren Lösung die
Kartelle mitarbeiten, wie überhaupt von ihrer Bedeutung für unsere
Industriewirtschaft schlechthin. Außerdem kommt eine solche systematische Erfassung der von den Fachverbänden bis heute auf diesem
Gebiete geleisteten Arbeit dem Bedürfnis der Industrie entgegen, die
bereits bestehenden Einrichtungen dieser Art, ihre Arbeitsweise, ihre
Entwicklung, ihre Erfahrungen und Erfolge kennenzulernen, um einen
Anhalt für die eigene Arbeit zu haben, unzweckmäßige Maßnahmen
und unnötige Kosten zu vermeiden, überhaupt Perspektiven und Blickpunkte kartellpolitischen Vorgehens auf diesem Gebiete direkter Produktionsförderung zu gewinnen.

**Der Zweck dieser Umfrage besteht somit darin, daß die einzelnen
Kartelle, Fachverbände usw. alle die bei ihnen eingeführten produktions-
fördernden Maßnahmen und Einrichtungen und die mit ihnen gemachten
Erfahrungen möglichst eingehend angeben.**

Nachfolgende — keineswegs erschöpfende — Aufstellung lenkt durch
Stichworte die Aufmerksamkeit auf solche Maßnahmen und Einrichtungen und soll dadurch die Beantwortung erleichtern sowie dazu
beitragen, daß sie möglichst eingehend und erschöpfend gemacht wird.

Aufstellung

von

Kartellmaßnahmen und -Einrichtungen zur Verbesserung
und Verbilligung der Produktion.

1. Einkauf: Gemeinsamer Einkauf
Einkaufsgemeinschaft
Beschaffungsstelle
Gemeinsame Rohstoffherstellung
usw.

2. Produktion: Verständigung über das Fabrikationsprogramm (Arbeits-
teilung innerhalb des Kartells, Spezialisierung, Typi-
sierung, Normalisierung)
Erfahrungsaustausch (Bestellung eines technischen Beirats)
Austausch von Spezialarbeitern, Ingenieuren usw.
Gemeinsame Erprobung neuer Rohstoffe, Konstruktionen,
Arbeitsverfahren usw.
Lizenzgemeinschaft
Patentgemeinschaft
Versuchsgemeinschaft
Gemeinsame Produktionseinrichtungen
Gemeinsame Montagewerkzeuge, Monteure usw.
Gemeinsame Projektierungs- und Konstruktionsbüros
Gemeinsame Transporteinrichtungen
Liefergemeinschaften zwecks besserer Zusammenlegung
und Verteilung der Produktion
Bestellung von Fachausschüssen für produktionstechnische
Fragen (Normung, Selbstkostenrechnung, Verbesserung der
Wirtschaftsstatistik usw.)
usw.

3. Absatz: Zentraler Verkauf durch Syndikatsstelle, Verkaufskontor,
Exportvereinigung
Lagergemeinschaft, gemeinsame Reparaturwerkstätten
Lieferung von der frachtgünstigsten Fabrik (Frachtparität)
Bestellung gemeinsamer Vertreter (vor allem für das
Ausland) und Abschluß gemeinsamer Mantelverträge mit
den Vertretern
Gemeinsame Reklame (Kataloge, Inserate) vor allem für
das Ausland in mehreren Sprachen
Gemeinsame Beschickung von Ausstellungen
usw.

Literaturverzeichnis.

1. Bücher und Aufsätze.

v. B e c k e r a t h : Zwangskartellierung oder freie Organisation der Industrie? Stuttgart 1918.

v. B e c k e r a t h : Kräfte, Ziele und Gestaltung in der deutschen Industriewirtschaft, Jena 24.

B e c k m a n n : Der Zusammenschluß in der westdeutschen Großindustrie, Köln 1922.

B ö h m e r : Forderung einer Ertragssteigerung und der derzeitige Stand der Universal- und Fachvereinheitlichung in der deutschen Eisen- und Maschinenindustrie, Diss. Köln 1922.

B r a n d t : Zwangssyndikate und Staatsmonopol, Berlin 1918.

B ü c h e r : Die Sozialisierung, Tübingen 1919.

C a l v e r : Produktionspolitik, Berlin 1918.

D e n k s c h r i f t über das Kartellwesen, dem Reichstag erstattet, 4 Teile, Berlin 1906.

E r l h a g e n : Die Zusammenschlußbewegung in der deutschen Elektroindustrie, Diss. Köln 1923.

G e r l o f f : Deutsche Zoll- und Handelspolitik, Leipzig 20.

H a r m e n i n g : Die notwendige Entwicklung der Industrie zum Trust, Berlin 1904.

H a r n i s c h : Die Kartellierungsfähigkeit der deutschen Maschinenindustrie, Diss. Heidelberg 1917.

I s a y : Die Patentgemeinschaft im Dienste des Kartellgedankens, Mannheim 1923.

K a t z : Die Rationalisierung der deutschen Fertigindustrie, Diss. Freiburg 1922.

K e r s t i n s : Vom Stahlwerksverband zum Eisenwirtschaftsbund, Diss. Köln 1922/23.

K e s t n e r : Der Organisationszwang, Berlin 1912.

K o n t r a d i k t o r i s c h e Verhandlungen über deutsche Kartelle, Berlin 1903—1906.

K u n d t : Die Zukunft unseres Ueberseehandels, Berlin 1904.

L e n d e r s : Absatzorganisationen der deutschen Elektroindustrie, Diss. Köln 1922/23.

L i e f m a n n : Kartelle und Trusts, Stuttgart 1922.

Liefmann: Beteiligungs- und Finanzierungsgesellschaften, Jena 1923.

Liefmann: Die Kartelle in und nach dem Kriege, Annalen für die soziale Politik und Gesetzgebung, Berlin 1918.

Liefmann: Schutzzoll und Kartelle, Jena 1903.

Mannstedt: Ursachen und Ziele des Zusammenschlusses im Gewerbe, Jena 1916.

Marquardt: Die Interessengemeinschaften, Berlin 1910.

v. Moellendorff: Der Aufbau der Gemeinwirtschaft, Jena 1919.

Morgenroth: Die Exportpolitik der Kartelle, Leipzig 1907.

Philippovich: Grundriß der politischen Oekonomie, 3 Bde. Tübingen 1922.

Pohle: Entwicklung des deutschen Wirtschaftslebens im 19. Jahrhundert, Teubner 1920.

Pohlmann: Der Staat und die Syndikate, Leipzig 1912.

Polthier: Industrielle Kapitalserhöhungen in der Nachkriegszeit, Diss. Köln 1921.

Polysius: Verbandsbestrebungen im Deutschen Maschinenbau, Dessau 1921.

Rathenau: Die neue Wirtschaft, Berlin 1921.

Rathenau: Probleme der Friedenswirtschaft, Berlin 1918.

Rathenau: Autonome Wirtschaft, Berlin 1919.

Scheibler: Die volkswirtschaftliche Bedeutung der Vereinheitlichungsbestrebungen in der deutschen Industrie, Diss. Würzburg 1922.

Schulz-Mehrin: Formen des Zusammenschlusses von Unternehmungen zur Verbesserung und Verbilligung der Produktion, Druckschrift Nr. 9 des Ausschusses für wirtschaftliche Fertigung, Berlin 21.

Schulz-Mehrin: Spezialisierungs- und Verkaufsgemeinschaften im Maschinenbau, Mai 1926.

Schulz-Mehrin: Die industrielle Spezialisierung, Wesen, Wirkung, Durchführungsmöglichkeiten und Grenzen, Druckschrift Nr. 2, Berlin 1920.

Schulz-Mehrin: Sozialisierung, Planwirtschaft oder sozialorganische Ausgestaltung der Produktion? Druckschrift Nr. 1, Berlin 1919.

Schacht: Trust oder Kartell? Preuß. Jahrbücher Band 110; X; 1902.

Schacht: Preuß. Jahrbücher Band 112/114; 1903.

Schacht: Preuß. Jahrbücher 118; 1904.

Seyffert: Normung, Typisierung und Spezialisierung der Produktion, „Technik und Wirtschaft", September 1921.

Silberberg: Deutsches Kartelljahrbuch, Berlin.

Singer: Das Land der Monopole: Amerika oder Deutschland? Berlin 1913.

Sistermanns: Horizontale und vertikale Interessengemeinschaften nach dem Kriege, Diss. Köln 21/22.

Stern: Exporttechnik, Stuttgart 1923.

Strothbaum: Abriß der Export- und Importkunde, Leipzig 1921.

Tafel: Die nordamerikanischen Trusts und ihre Wirkung auf den Fortschritt der Technik, Stuttgart 1913.

Tiburtius: Gemeinwirtschaftliche Gegensätze, Leipzig 1919.

Tschierschky: Das Problem der staatlichen Kartellaufsicht, Mannheim 1923.

Tschierschky: Zur Reform der Industriekartelle, Berlin 21.

Tschierschky: Kartelle und Trusts, Leipzig 1911.

Tschierschky: Die Organisation der industriellen Interessen in Deutschland, Göttingen 1905.

Troeltsch: Die deutschen Industriekartelle vor und seit dem Kriege, Essen 1916.

Tross: Der Aufbau der Eisen- und eisenverarbeitenden Industrie-Konzerne Deutschlands, Berlin 1923.

Wiedenfeld: Das Persönliche im modernen Unternehmertum, 1920.

Wissel: Praktische Wirtschaftspolitik, Berlin 1919.

Wissel und Striemer: Ohne Planwirtschaft kein Aufbau, Stuttgart 1921.

Wissel: Kritik und Aufbau, Berlin 1921.

Wissel und v. Moellendorff: Wirtschaftliche Selbstverwaltung, Zwei Kundgebungen des Reichswirtschaftsministeriums, Jena 1919.

2. Zeitschriften.

Berliner Börsen-Zeitung.

Der Arbeitgeber.

Deutsche Export-Industrie.

Deutsche Bergwerks-Zeitung.

Kartellrundschau, herausgegeben von Dr. L. Tschierschky.

Kölnische Zeitung.

Maschinenbau/Wirtschaft.

Mitteilungen des Ausschusses für wirtschaftliche Fertigung.

Rheinisch-Westfälische Zeitung.

Sitzungsberichte und Druckschriften des Vereins Deutscher Maschinenbau-Anstalten und des Ausschusses für wirtschaftliche Fertigung.

Technik und Wirtschaft.

Zeitschrift des Vereins deutscher Ingenieure.

Zwanglose Mitteilungen für die Mitglieder des Vereins Deutscher Maschinenbau-Anstalten.